面向 21 世纪课程教材配套实验教程

动物组织胚胎学实验教程

杨 倩 主编

中国农业大学出版社

主　编　杨　倩（南京农业大学）

副主编　胡　满（河北农业大学）
　　　　田茂春（西南大学）
　　　　刘进辉（湖南农业大学）
　　　　王亚鸣（江西农业大学）

参　编　石　娇（沈阳农业大学）
　　　　王水莲（湖南农业大学）
　　　　黄国庆（南京农业大学）
　　　　张　媛（华南农业大学）
　　　　刘建虎（西南大学）

前　言

　　动物组织胚胎学是动物医学和动物科学中重要的基础课程之一。本门课程主要以形态学为主,动物体各种器官和组织的微细结构都需要死记硬背。因此,实验课成为学生加深记忆和理解的重要环节,《动物组织胚胎学实验教程》的编写也显得尤为重要。

　　本《动物组织胚胎学实验教程》是在总结多年教学经验的基础上,由南京农业大学、西南大学、江西农业大学、河北农业大学、湖南农业大学、沈阳农业大学和华南农业大学共同编写的,参编人员有:南京农业大学动物医学院杨倩、黄国庆,河北农业大学动物科技学院胡满,西南大学动物科技学院田茂春、刘建虎,湖南农业大学刘进辉、王水莲,江西农业大学动物科技学院王亚鸣,沈阳农业大学畜牧兽医学院石娇,华南农业大学张媛。具体分工如下:

第一章	刘进辉	
第二章	杨倩	
第三章、第四章、第五章	石娇	
第六章、第七章	胡满	
第八章、第九章	杨倩	
第十章	王水莲	黄国庆(淡水鱼部分)
第十一章	王水莲	
第十二章	王亚鸣	黄国庆(淡水鱼部分)
第十三章	王亚鸣	黄国庆(淡水鱼部分)
第十四章	田茂春	刘建虎(淡水鱼部分)
第十五章	田茂春	刘建虎(淡水鱼部分)
第十六章、第十七章	张媛	
第十八章	黄国庆	

本书的彩色照片由刘建虎、王水莲、杨倩提供。

　　全书共分18章,每章包括内容简介、实验目的和要求、观察要点及观察方法、示范样本、电镜照片和思考题六个大部分,另附有彩色照片一组。近年来,很多农业院校增加了淡水养殖专业,而淡水鱼的组织学和胚胎学却一直处于空缺状态,因此本教程在收集近年来鱼类组织学研究进展的基础上,首次尝试增加鱼类组织学和胚胎学的内容。本书内容较为全面系统,可供高等农业院校动物医学院和动物科技学院乃至水产学院有关专业学生学习使用。

　　尽管本教程的编写有一些创新和改进,但由于水平有限,错误之处在所难免,恳请各位同仁和读者不吝指正。

编　者

2005 年 10 月

目　录

第一章 绪 论
Introduction

一、显微镜的构造和使用方法

(一)显微镜的构造

常用的复式显微镜是一种精密的光学仪器,是研究动植物细胞结构、组织形态特征和器官构造的重要和不可取代的工具。显微镜根据目镜多少的不同可分为单目显微镜和双目显微镜。这两种显微镜虽然繁简不同,但基本构造都包括两大部分,即保证成像的光学系统和用以装置光学系统的机械部分(镜架)。

1. 机械部分 包括镜座、镜柱、镜臂、镜筒、物镜转换器、载物台、调焦装置。

镜座是显微镜的底座,支持整个镜体,使显微镜放置稳固。

镜柱是镜座上面直立的短柱,支持镜体上部的各部分。

镜臂弯曲如臂,下连镜柱,上连镜筒,为取放显微镜手握的部位。

镜筒为显微镜上部圆形中空的长筒,其上端放置目镜,下端与物镜转换器相连,并使目镜和物镜的配合保持一定的距离。镜筒的作用是保护成像的光路与亮度。

物镜转换器为接于镜筒下端的圆盘,可自由转动。盘上有 3~4 个螺旋圆孔,为安装物镜的部位。当旋转物镜转换器时,物镜即可固定在使用的位置上,保证物镜与目镜的光线合轴。

载物台(镜台)为放置玻片标本的平台,中央有一圆孔,以通过光线。载物台上安装有标本推进器,用以固定玻片标本和使玻片标本前后左右移动。

为了得到清晰的物像,必须调节物镜与标本之间的距离,使它与物镜的工作距离相等。这种操作叫调焦。在镜柱两侧有调焦装置——粗、细调焦螺旋各一对,旋转时可使载物台上升或下降。大的一对是粗调焦螺旋,调动载物台升降距离较大,旋转一圈可使载物台移动 2 mm 左右。小的一对是细调焦螺旋,调动载物台的升降距离很小,旋转一圈可使载物台移动约 0.1 mm。

2. 光学部分 由成像系统和照明系统组成。成像系统包括物镜和目镜,照明系统包括反光镜(或电光源)和聚光器。

物镜是决定显微镜质量的最重要的部件,安装在镜筒下端的物镜转换器上,一般有 3~4 个放大倍数不同的物镜,即低倍镜(4×、10×)、高倍镜(40×)和油镜(100×),观察时可根据需要选择使用。物镜上一般都刻有放大倍数和数值孔径(N·A,即镜口率)。

工作距离是指物镜最下面透镜的表面与盖玻片(其厚度为 0.17~0.18 mm)表面之间的距离。物镜的放大倍数愈高,它的工作距离愈小。一般油镜的工作距离仅为 0.2 mm,所以使用时要倍加注意。

目镜安装在镜筒上端,它的作用是将物镜所成的像进一步放大,使之便于观察。其上刻有放大倍数,如 5×,10× 和 16× 等,可根据当时的需要选择使用。目镜内可装入一细小的"指针",在视野中为一细小的黑线,可以用它指示所要观察的部位。

反光镜是个圆形的两面镜,可选择使用。一面是平面镜,能反光;另一面是凹面镜,兼有反光和汇集光线的作用。反光镜具有能转动的关节,可作各种方向的翻转,面向光源,能将光线反射入聚光器上。有的显微镜没有反光镜而是使用电光源,接通电源既可发出光线。

聚光器装在载物台下,由聚光镜(几个凸透镜)和虹彩光圈(可变光栅)等组成,它可将平行的光线汇集成束,集中在一点,以增强被观察物体的照明度。聚光器可以上下调节,如用高倍镜时,视野范围小,则需上升聚光器,用低倍物镜时,视野范围大,可下降聚光器。虹彩光圈装在聚光器内,位于载物台下方,拨动光栅,可使光圈扩大或缩小,借以调节通光量。

(二)显微镜的使用方法

显微镜的使用主要包括两个方面,一是光度的调节,另一是焦距的调节。具体使用方法分述于后。

1. 取镜和放置　按固定编号从镜盒中取出显微镜。取镜时应右手握住镜臂,左手平托镜座,保持镜体直立(禁止用单手提着显微镜行走,防止目镜从镜筒中滑出),放置在桌台上正中稍偏左侧,距桌边 5～6 cm 处,以便于观察和防止掉落。

2. 对光　一般情况下可用由窗口进入室内的散射光(应避免直射阳光),或用日光台灯作光源,电光源显微镜使用自身光源。对光时,先把低倍物镜转到中央,对准载物台上的通光孔,然后在观察的同时,用手调节反光镜,使镜面向着光源,一般用平面镜即可,光线弱时可用凹面镜。当光线从反光镜表面向上反射入镜筒时,通过目镜就可以观察到一个圆形的、明亮的视野。此时再利用聚光器或虹彩光圈调节光的强度,使视野内的光线既均匀、明亮,又不刺眼。在对光的过程中,要体会反光镜、聚光器和虹彩光圈在调节光线中的不同作用。

3. 放置切片　下调载物台,把玻片标本放在载物台上,然后通过标本推进器调节,使组织材料正对通光孔的中心。

4. 调整焦距　双眼从侧面注视物镜,并慢慢按顺时针方向转动粗调焦螺旋,使物镜离玻片 5 mm 左右,接着观察,同时转动细调焦螺旋直到看见清晰的物像为止。如一次调焦看不到物像,应重新检查材料是否放在光轴线上,重新移正材料,再重复上述操作过程,直至物像出现和清晰可见为止。当细调焦螺旋向上或向下转不动时,就是转到了极限,千万不能再硬拧,而应重新调节粗调焦螺旋,把物镜与标本的距离稍稍拉开后,再反拧细调焦螺旋,10 圈左右(因一般可动范围为 20 圈)。有些显微镜则可把微调基线拧到指示微调范围的两根白线之间,然后重新调整焦距,直到物像调节清晰为止。

5. 低倍镜观察　焦距调好后,可根据需要,移动玻片,把要观察的部分移到最有利的位置上。找到物像后,还可根据材料的厚薄、颜色、成像的反差强弱是否合适等再进行调焦。如果视野太亮,可降低聚光器或缩小虹彩光圈,反之则升高聚光器或开大虹彩光圈。观察任何标本,都必须先用低倍镜,因为低倍镜的视野范围大,便于对组织、器官进行整体认识,也容易发现目标和确定要观察的部位。

6. 高倍物镜的使用　在观察较小的物体或细微结构时使用。

选好目标:由于高倍物镜只能把低倍镜视野中心的一小部分加以放大,因此,使用高倍镜前,应先在低倍镜中选好目标,将其移至视野的中央,转动物镜转换器,把低倍物镜移开,小心地换上高倍物镜,并使之合轴,即使其与镜筒成一直线(因高倍镜的工作距离很短,操作时要十分仔细,以防镜头碰击玻片)。

调整焦距:在正常情况下,转换成高倍物镜后,只需调节细调焦螺旋,就可获得最清晰的物像。初用一台显微镜时,必须注意它的高、低倍物镜是否能如上述情况那样很好的配合。如果高倍物镜离盖玻片较远看不到物像时,则需重新调整焦距。此时眼睛应从侧面注视物镜,并小心地转动粗调焦螺旋使镜筒慢慢地下降到高倍物镜头与组织片相接近时为止(注意切勿使镜头紧压玻片,以免损坏镜头和压碎玻片标本),然后再通过目镜观察,同时缓慢转动粗调焦螺旋,直到看见物像后,再换细调焦螺旋,使物像更加清晰为止。在换用高倍镜观察时,视野变小变暗,所以要重新调节视野的亮度,此时可升高聚光器或放大虹彩光圈。

7. 油镜的使用　　在油浸物镜使用前,也必须先从低倍镜中找到目标部分,再换高倍物镜调整焦距,将目标部分移到视野中心,然后再换用油镜头。

在使用油镜头前,一定要在盖玻片上滴加一滴香柏油(镜油),然后才能使用。当聚光器镜口率在 1.0 mm 以上时,还要在聚光器上面滴加一滴香柏油(油滴位于载玻片与聚光器之间),以便使油镜发挥最佳作用。

在用油镜观察组织玻片时,绝对不许使用粗调焦螺旋,只能用细调焦螺旋调节焦距。如盖玻片过厚或组织片放反时,则不能聚焦,应注意调换,否则就会压碎玻片或损坏镜头。

油镜使用完毕,需立即擦净。擦拭方法是用棉棒或擦镜纸蘸少许清洁剂(乙醚和无水酒精的混合液,最好不用二甲苯,以免二甲苯浸入镜头),将镜头上残留的油迹擦去。否则香柏油干燥后,不易擦净,且易损坏镜头。

8. 显微镜使用后的整理　　观察结束,应先将载物台下降,再取下组织玻片,取下时要注意勿使玻片触及镜头。玻片取下后,再转动物镜转换器,使物镜镜头与通光孔错开,使两个物镜位于载物台上通光孔的两侧,并将反光镜还原成与桌面垂直,擦净镜体,罩上防尘的塑料罩或置于显微镜盒内。

(三)显微镜使用注意事项

显微镜是精密仪器,使用时一定要严格地按规程进行操作。

(1)随时保持显微镜的清洁,不用时用塑料罩罩好或及时收回盒内。机械部分如有灰尘污垢,可用小毛巾擦拭。光学部分如有灰尘污垢,必须先用镜头毛刷拂去,或用吹风球吹去,再用擦镜纸轻擦,或用脱脂棉棒蘸少许酒精和乙醚的混合液,由透镜的中心向外进行轻拭,切忌用手指及纱布等擦抹。

(2)使用显微镜观察时,必须睁开双眼。应反复训练,使自己养成用左眼观察,右眼作图的习惯。

(3)标本最好加盖盖玻片,制作带液体的玻片标本时,液体样本不宜过多,以免水液流出,腐蚀和污染显微镜。

(4)如遇显微镜机件失灵,使用困难时,千万不可用力转动,更不要任意拆修,应立即报告指导教师,要求协助排除故障,以免造成损坏。

(5)显微镜应注意防潮,在观察时,显微镜上凝结的水珠要及时擦干,用完后应放干燥处保存。显微镜盒内应放一袋蓝绿色的硅胶干燥剂,当其吸水潮解后,变为浅粉红色时,应将其取出烘干,待变为蓝绿色时重新使用。

二、组织学标本的制作过程

制作组织学标本是用来研究细胞学、组织学、胚胎学、生物学和病理学等学科的一种基本方法,即将所要观察的材料制成极薄的组织片,根据需要用染料加以染色,在显微镜下观察其形态和化学成分含量的变化。根据研究目的和制作方法的不同,组织学标本分为两大类,即非切片类标本和切片类标本,前者包括涂片、铺片、压片和磨片等,后者又分为石蜡切片、冰冻切片和火棉胶切片等。

(一)石蜡组织切片制造程序

1. **取材和固定**　在生物组织器官中,取出我们所需要研究的那部分材料,但材料不宜过大,一般要求厚度小于 0.5 cm。取材时应先取变化(腐败)快的内脏器官,特别是消化器官和泌尿器官,后取变化慢的肌肉、皮肤和骨骼等。所取的组织材料应具有很强的代表性,能较好地代表整个器官,如取肾组织时,既要取到肾的皮质部,也要取到肾的髓质部和被膜。将取得的材料先用生理盐水轻轻冲洗后迅速投入固定液中固定,固定的目的是使组织中蛋白质迅速凝固,保持其活体时的形态结构,若新鲜材料不固定或固定不及时很快就会腐败,组织结构发生变化。固定液为化学药剂,有单一固定液和混合固定液之分。

常用的单一固定液有乙醇、醋酸、苦味酸、福尔马林、升汞和重铬酸钾等,各种单一固定液都具有一定的优缺点,因此,常用混合固定液取长补短。最常用的混合固定液有波恩氏液(Bouin)、陈克氏液、苗勒氏液、卡尔诺爱氏液等。根据材料、染色方法等要求的不同选择不同的固定液,如一般组织器官以波恩氏液固定为好,而神经组织以陈克氏液固定为好。固定液的用量一般为组织材料体积的 10~15 倍,固定时间一般为 12~24 h,可根据气温高低和组织材料大小确定具体固定时间,固定好了的组织材料可在 85%酒精中保存。

2. **脱水和透明**　将固定好的组织材料放在自来水下轻轻冲洗,除去材料上的杂质,但由于组织材料中的水分会妨碍石蜡渗透进入组织内,所以必须脱去组织材料中的水分。常用的脱水剂为酒精,采用 50%、70%、85%、90%、95%酒精和无水酒精,每级酒精浓度脱水时间依组织块大小而定。为了增加组织材料的透明性而便于观察,脱水后需用透明剂对组织材料进行透明,常用的透明剂有二甲苯。二甲苯渗入到组织材料内后,组织材料呈现透明状态。透明时间一般为 1~2 h。

3. **浸蜡与包埋**　浸蜡前先准备好装石蜡的小瓷杯,使石蜡在杯内熔解,熔好的石蜡放入温箱中并使温箱温度保持 60℃左右。然后把已透明好的组织材料放入二甲苯+石蜡的混合液内(比例为 3∶1)浸蜡 30 min 到 1 h,然后过渡到软蜡(熔点 48~52℃)中浸蜡 30 min,再到两个硬蜡杯中各浸蜡 30 min,最后将浸过蜡的组织材料切面朝下放入盛有石蜡的包埋盒中,待石蜡冷却后,组织材料就包在其中。

4. **切片与贴片**　切片前先对包埋好石蜡的组织材料进行修整,将组织材料以外多余的石蜡切去,保持组织材料外面有 2~3 mm 的石蜡。取来小木块,用热熔蜡将蜡块粘在木块上,冷却后便可进行切片。切片时将切片刀固定在刀架上,保持刀面呈一定倾斜角度,一般为 4°~6°,调整好切片厚薄刻度,右手握转轮柄均匀地上下转动,使石蜡组织在刀刃上下移动,切成薄薄的蜡片带,左手拿一支毛笔,托着薄蜡片带。若脱水、浸蜡和包埋不当,切成的蜡片会卷起来,很难把蜡片切成蜡带。

在清洁载玻片上滴上一小滴蛋白甘油液(贴附剂),将蛋白甘油液抹均匀,加上几滴蒸馏水,再夹上 1~2 片石蜡组织切片放在蒸馏水上,稍加热载玻片,将石蜡组织切片慢慢展平,然后把贴好的组织切片放入烘箱中烘干或自然干燥,最后进入染色。

5. **染色**　染色是用不同颜色的染料如苏木精(hematoxylin)和伊红(eosin)处理烘干后的

组织切片,使组织切片中不同结构显示不同的颜色,以达到区分材料不同结构的目的。根据化学性质不同,染料可区分为酸性和碱性。有些组织或结构易被酸性染料着色,称为嗜酸性(acidophilia);有些组织或结构易被碱性染料着色,称为嗜碱性(basophilia);有些组织或结构既不被酸性染料着色,也不易被碱性染料着色,称为嗜中性(neutrophilia)。实验室常用苏木精-伊红染色,称为 HE 染色。苏木精是碱性染料,将细胞核染成紫色或蓝紫色,伊红是酸性染料,将细胞质染成红色,所以在染色反应上,细胞核属于嗜碱性,细胞质属于嗜酸性。

6. 封藏　组织切片染色后,为了便于长久保存,可用低浓度酒精依次脱水,再用二甲苯处理透明,然后用树胶将盖玻片贴附在组织材料上,树胶干后贴上标签。至此,石蜡组织切片基本制成。

具体操作程序如下:

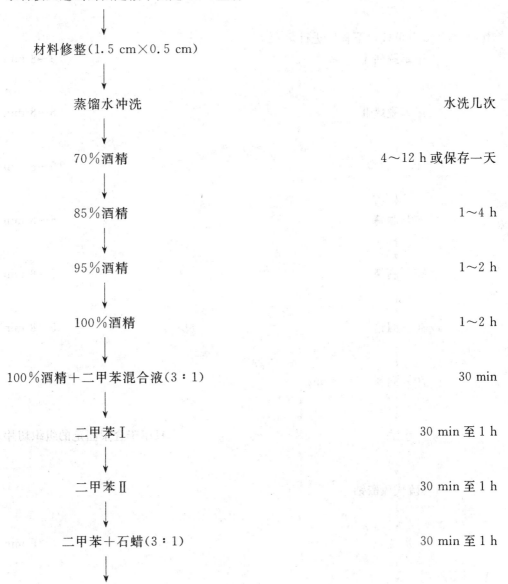

取材投入适当的固定液中固定 24 h 左右

↓

材料修整(1.5 cm×0.5 cm)

↓

蒸馏水冲洗　　　　　　　　　　　　　　　　　　水洗几次

↓

70％酒精　　　　　　　　　　　　　　　　　　4～12 h 或保存一天

↓

85％酒精　　　　　　　　　　　　　　　　　　1～4 h

↓

95％酒精　　　　　　　　　　　　　　　　　　1～2 h

↓

100％酒精　　　　　　　　　　　　　　　　　　1～2 h

↓

100％酒精＋二甲苯混合液(3∶1)　　　　　　　　30 min

↓

二甲苯Ⅰ　　　　　　　　　　　　　　　　　　30 min 至 1 h

↓

二甲苯Ⅱ　　　　　　　　　　　　　　　　　　30 min 至 1 h

↓

二甲苯＋石蜡(3∶1)　　　　　　　　　　　　　30 min 至 1 h

↓

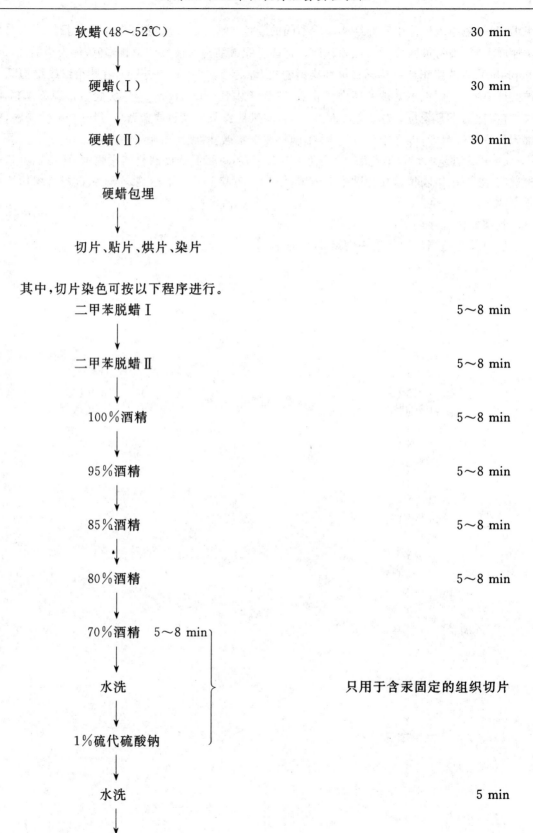

软蜡(48～52℃)　　　　　　　　　　　　　　　　30 min

硬蜡(Ⅰ)　　　　　　　　　　　　　　　　30 min

硬蜡(Ⅱ)　　　　　　　　　　　　　　　　30 min

硬蜡包埋

切片、贴片、烘片、染片

其中,切片染色可按以下程序进行。

二甲苯脱蜡Ⅰ　　　　　　　　　　　　　　5～8 min

二甲苯脱蜡Ⅱ　　　　　　　　　　　　　　5～8 min

100%酒精　　　　　　　　　　　　　　5～8 min

95%酒精　　　　　　　　　　　　　　5～8 min

85%酒精　　　　　　　　　　　　　　5～8 min

80%酒精　　　　　　　　　　　　　　5～8 min

70%酒精　　5～8 min

水洗　　　　　　　　　　　只用于含汞固定的组织切片

1%硫代硫酸钠

水洗　　　　　　　　　　　　　　　　5 min

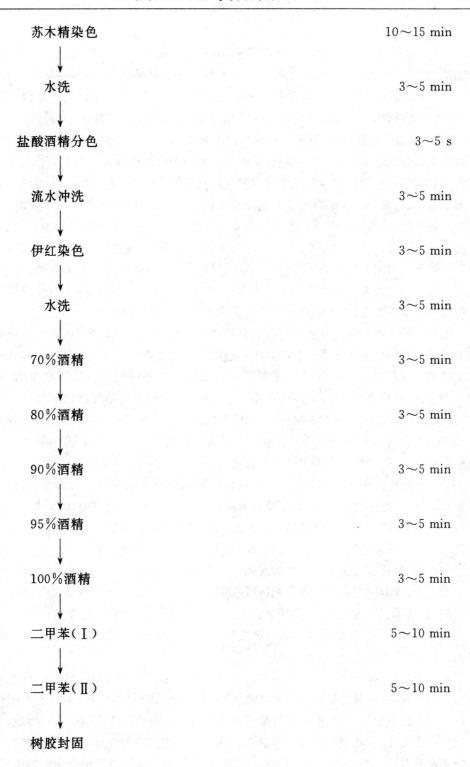

苏木精染色	10～15 min
水洗	3～5 min
盐酸酒精分色	3～5 s
流水冲洗	3～5 min
伊红染色	3～5 min
水洗	3～5 min
70%酒精	3～5 min
80%酒精	3～5 min
90%酒精	3～5 min
95%酒精	3～5 min
100%酒精	3～5 min
二甲苯（Ⅰ）	5～10 min
二甲苯（Ⅱ）	5～10 min
树胶封固	

　　以上各阶段自始至终是互相联系的,每个阶段所用时间是一个大概范围,不同的组织材料用不同的固定液,不同染色所用的时间也不一样,在操作过程中,每个步骤都可直接影响组织切片的制作效果,在实践中需不断积累总结经验。

(二)染色原理

染色(stain)是用染料使组织切片着色,便于镜下观察。天然和人工合成的染料甚多,它们都是含发色团的有机化合物,当染料具有助色团成为盐类物质,即可溶解于水并具电荷,与组织有亲和力,使组织着色。含氨基(—NH$_2$)、二甲氨基[—N(CH$_3$)$_2$]等碱性助色团的染料,称碱性染料(basic dye),它的盐溶液具阳电荷;含羧基(—COOH)、羟基(—OH)或磺基(—SO$_3$H)等酸性助色团的染料,称酸性染料(acid dye),它的溶液呈阴电荷。组织的染色原理一般认为基于化学结合或物理吸附作用。细胞和组织的酸性物质或结构与碱性染料亲和力强者,称嗜碱性;而碱性物质或结构与酸性染料亲和力强者,称嗜酸性;若与两种染料的亲和力均不强者,称嗜中性。组织的基本成分是蛋白质,构成蛋白质的氨基酸常是既有含氨基的,也有含羧基的,是两性电解质。各种蛋白质的等电点因氨基酸成分的不同而异,其电荷性质又与溶液的 pH 值相关,根据研究目的选用合适的染色方法,调整好染液的 pH 值,即可取得良好染色效果。常用的酸性染料有伊红、坚牢绿、橙黄 G 等,碱性染料有苏木精、亚甲蓝、碱性品红等。组织学中最常用的是苏木精-伊红染色法,简称 HE 染色法。苏木精使细胞核和胞质内的嗜碱性物质着蓝紫色,伊红使细胞质基质和间质内的胶原纤维等着红色。

物理吸附作用的染色方法是使染料直接进入细胞组织内进行显色,如用苏丹染料显示脂肪组织,用硝酸银、氯化金等重金属盐显示组织中某些结构等。在银染法中有些组织结构还可直接使硝酸银还原而显色,称为亲银性(argentaffin);有些结构无直接还原作用,需加入还原剂方能显色,则称为嗜银性(argyrophilia)。还有些组织成分如结缔组织和软骨基质中的糖氨多糖,当用甲苯胺蓝(toluidine blue)等碱性染料染色后呈紫红色,这种现象称为异染性(metachromasia),其原理可能是该染料在溶液中呈单体状态时显蓝色,当它与多阴离子的高分子物质耦合后,染料分子聚合成多聚体而显红色。

还有些染色方法的原理至今还不清楚。组织细胞染色原理至今尚无满意的解释,可能是物理作用,也可能是化学作用,或者是两者综合作用的结果。染色的物理作用是利用毛细管现象,渗透、吸收和吸附作用,使染料的色素颗粒牢固地进入组织细胞,并使其显色。染色的化学作用是渗入组织细胞的染料与其相应的物质起化学反应,产生有色的化合物。各染料都具有这两种性质,这两种性质主要是由发色团和助色团产生。

发色团:苯的衍生物具有可见光区吸收带。这些衍生物显示的吸收带与其价键的不稳定性有关,如对苯二酚为无色,当其氧化后失去两个氢原子,它的分子则变为有黄色的对醌,这种产生颜色的醌式环称为发色团。若一种化合物含有几个环,只要其中有一个醌式环就可产生颜色,称此发色团为色原(chromogen)。

助色团:是一种能使化合物产生电离作用的辅助原子团(酸碱性基团)。它能使染色的色泽进一步加深,并使其与被染色组织具有亲和力。助色团的性质决定染料的酸碱性。碱性染料具有碱性助色团,在溶媒中产生的带色部分为带正电荷的阳离子,易与组织细胞内带负电荷的物质结合而显色,此性质被称为嗜碱性。如细胞核内的主要化学成分脱氧核糖核酸易被苏木精染成紫蓝色。酸性染料具有酸性助色团,在溶媒中产生的带色部分为阴离子,易与组织细胞内带正电荷的部分结合而显色,此性质被称为嗜酸性,如细胞质内成分大多为蛋白质,易与伊红或橘黄结合呈红色或橘黄色。

(三)几种常见的染色方法

1. 苦味酸-酸性品红染色法

(1)试剂配制。

▶Weigert 氏铁苏木精液：甲、乙两液需分瓶盛放，甲液配制后数天即可使用，不宜配制过多，如保存时间过长则染色不良，平时应密封保存，乙液配制后立即可用。临用前将甲、乙两液等量混合。

甲液:苏木精	1 g
无水酒精（absolute alcohol）	100 mL
乙液:30％三氯化铁液（ferric chloride）	4 mL
蒸馏水	100 mL
纯盐酸(hydrochloric acid)	1 mL

▶Van Gieson 氏染液：甲、乙两液分瓶盛放。临用前取甲液 1 份,乙液 9 份混合后使用。

甲液:1％酸性品红(acid fuchsin)水溶液

乙液:苦味酸(picric acid)饱和水溶液(约 1.2％)

▶1％盐酸酒精液:70％酒精	99 mL
纯盐酸	1 mL

(2)操作方法。组织固定于 10％甲醛液,常规脱水包埋,切片脱蜡至水,用 Weigert 氏铁苏木精液染 5～10 min,流水稍洗,1％盐酸酒精迅速分化,流水冲洗数分钟,用 Van Gieson 氏液染 1～2 min,倾去染液,直接用 95％酒精分化和脱水,无水酒精脱水,二甲苯透明,中性树胶封固。

2. 地衣红法

(1)试剂配制。

地衣红酒精液:地衣红(orcein)	1 g
70％酒精	100 mL
浓盐酸	1 mL

将地衣红溶于 70％酒精,然后加入浓盐酸,放置 1～2 天后即可使用。

(2)操作方法。组织固定于 10％甲醛液,按常规脱水包埋,切片脱蜡至 70％酒精,入地衣红酒精液染 3 h,70％酒精浸洗两次,每次约 30 s,至染液不脱出为止,95％酒精、无水酒精脱水,二甲苯透明,中性树胶封固。

3. 磷钨酸苏木精法

(1)试剂配制。

▶磷钨酸苏木精液:苏木精	0.1 g
蒸馏水	100 mL
磷钨酸(phosphotungstic acid)	2 g

取一烧杯盛蒸馏水 30 mL,加入苏木精,稍加温使苏木精完全溶解,再取另一烧杯盛余下的蒸馏水 70 mL,加入磷钨酸使其完全溶解。待苏木精液冷后与磷钨酸液混合,置于光亮处数周至数月待成熟后才可使用。

▶酸化高锰酸钾液:甲、乙两液分瓶盛装,临用前等份混合后滴在切片上。

甲液:0.5％高锰酸钾水溶液

高锰酸钾(potassium permanganate)	0.5 g
蒸馏水加至	100 mL

乙液:0.5%硫酸水溶液

硫酸(sulfuric acid)	0.5 mL
蒸馏水	99.5 mL

▶2%草酸水溶液:草酸(oxalic acid)　　　　　　　　　　　　2 g
　　　　　　　　蒸馏水加至　　　　　　　　　　　　　　100 mL

▶0.5%碘酒精液:碘片(iodine)　　　　　　　　　　　　　0.5 g
　　　　　　　　70%酒精加至　　　　　　　　　　　　　100 mL

▶5%硫代硫酸钠液:硫代硫酸钠(sodium thiosulfate)　　　　5 g
　　　　　　　　　蒸馏水加至　　　　　　　　　　　　　100 mL

(2)操作方法。组织固定于 Zenker 氏液,流水冲洗一夜后,常规脱水包埋,切片脱蜡至水。若已用 10%甲醛液固定,应再把切片置于 Zenker 氏液于 37℃温箱处理 3 h,或于室温处理一夜。流水稍冲洗,并进行除汞处理(切片置于 0.5%碘酒精作用 10 min,稍水洗,5%硫代硫酸钠脱碘 5 min,流水冲洗 10 min)。酸化高锰酸钾液作用 5 min,稍水洗,2%草酸液漂白 1～3 min,流水冲洗 5 min,蒸馏水洗一次,入磷钨酸苏木精液染 24～48 h。取出后直接用 95%酒精迅速洗去多余的染液,无水酒精脱水,二甲苯透明,中性树胶封固。

4.结晶紫-中性红法

(1)试剂配制。

▶结晶紫染液:结晶紫(crystal violet)　　　　　　　　　　0.5 g
　　　　　　　25%酒精　　　　　　　　　　　　　　　100 mL

▶Weigert 氏碘液:碘片　　　　　　　　　　　　　　　　1 g
　　　　　　　　碘化钾(potassium iodide)　　　　　　　2 g
　　　　　　　　蒸馏水　　　　　　　　　　　　　　　100 mL

▶醋酸酒精液:冰醋酸(glacial acetic acid)　　　　　　　　2 mL
　　　　　　　无水酒精　　　　　　　　　　　　　　　98 mL

▶0.2%中性红酒精液:中性红(neutral red)　　　　　　　200 mg
　　　　　　　　　　无水酒精加至　　　　　　　　　100 mL

▶0.2%固绿酒精液:固绿 FCF(fast green FCF)　　　　　200 mg
　　　　　　　　　无水酒精加至　　　　　　　　　　100 mL

▶Twort 氏复染液:0.2%中性红酒精液　　　　　　　　　9 mL
　　　　　　　　　0.2%固绿酒精液　　　　　　　　　1 mL
　　　　　　　　　蒸馏水　　　　　　　　　　　　　30 mL

此液需于临用前混合。

(2)操作方法。组织固定于 10%甲醛液,按常规脱水包埋,切片脱蜡至水。结晶紫液滴染 3～5 min。流水冲洗。Weigert 氏碘液处理 3 min。流水冲洗,用吸水纸吸干。用醋酸酒精液(于 56℃温箱内预热短时)脱色,直至切片没有颜色脱出,约 10 min。流水稍洗。Twort 氏复染液染 5 min。流水稍洗。用醋酸酒精液分化,至切片没有红色脱出为止,约数秒钟。无水酒精脱水,二甲苯透明,中性树胶封固。

5．高碘酸-无色品红法

(1)试剂配制。

▶0.5%高碘酸水溶液：高碘酸(periodic acid)   0.5 g

蒸馏水加至   100 mL

溶解后用小口砂塞瓶盛装，置于冰箱内保存。用前取出恢复至室温。

▶0.5%偏重亚硫酸钠液：偏重亚硫酸钠(sodium metabisulfite)   0.5 g

蒸馏水加至   100 mL

溶解后用小口砂塞瓶盛装，置于冰箱内保存。用前取出恢复至室温。

▶无色品红液(Schiff 氏试剂)：碱性品红(basic fuchsin)   1 g

蒸馏水   200 mL

1 mol/L 盐酸   20 mL

偏重亚硫酸钠   1~1.5 g

活性炭(activated charcoal)   1~1.5 g

取一只 500 mL 的洁净三角烧瓶盛蒸馏水 200 mL，煮沸后加入碱性品红，并摇动数分钟使碱性品红完全溶解，此时溶液为深红色。待冷却至 50℃时，过滤至另一只洁净三角烧瓶内。加入 1 mol/L 盐酸 20 mL。再待溶液冷却至 25℃左右时，加入偏重亚硫酸钠，即用胶塞塞紧瓶口，并轻轻摇动使其溶解，此时碱性品红液的颜色明显变淡。置于室温、暗处 24 h，此时溶液应呈淡的稻草黄色或淡红色。加入活性炭粉，搅均匀后塞紧瓶口轻摇 1~2 min。静置 1~2 h，用双层滤纸过滤到小口砂塞瓶内，此时溶液应完全无色，即为无色品红，又称 Schiff 氏试剂。置于冰箱内保存。

▶亮绿水溶液：亮绿(light green SF)   0.2 g

蒸馏水   100 mL

冰醋酸   0.2 mL

(2)操作方法。组织固定于 10%甲醛溶液，按常规脱水包埋，切片脱蜡至水。0.5%高碘酸氧化 5~8 min。流水冲洗 2 min，再用蒸馏水洗。入无色品红液于暗处并加盖作用 10~20 min。0.5%偏重亚硫酸钠液滴洗 2 次，每次约 1 min。流水冲洗 5 min。亮绿水溶液复染数秒钟。稍水洗，常规脱水透明，中性树胶封固。

6．姬姆萨(Giemsa)法

(1)试剂配制。

▶Regaud 氏固定液：3%重铬酸钾(potassium dichromate)   80 mL

浓甲醛液(formaldehyde)   20 mL

临用前将两液混合，混合 24 h 后开始失效。

▶Giemsa 氏液：Giemsa 染料   0.75 g

甲醇(methyl alcohol)   50 mL

甘油(glycerin)   50 mL

先将 Giemsa 染料溶于甘油，在 50℃水浴中使其充分溶解，用玻棒搅动，持续 30 min，冷却后再加入甲醇，摇匀，放置一夜才可使用。

▶缓冲 Giemsa 氏稀释液：Giemsa 氏原液   1.5 mL

0.2 mol/L 磷酸盐缓冲液(pH 值 6.8)   30 mL

此稀释液需于每次临用前配制。

(2)操作方法。新鲜组织立即置入 Regaud 氏液固定 2～4 天,每天换一次新液,再用 3% 重铬酸钾水溶液固定一天。流水冲洗 24 h,按常规脱水包埋。切片脱蜡至水,再用蒸馏水洗 2～3 次,约 30 min。入缓冲 Giemsa 氏稀释液染色 18～24 h。蒸馏水稍洗后用滤纸吸干。用正丁醇分化约数秒钟,用滤纸吸干。正丁醇脱水,二甲苯透明,中性树胶封固。

湖南农业大学　刘进辉

第二章 细 胞 学
Cytology

一、内容简介

细胞是构成机体形态结构和完成生理功能的基本单位,其结构一般均由细胞膜、细胞质和细胞核三部分构成。细胞膜(cell membrane)因太薄在光学显微镜下分辨不清。细胞质(cytoplasma)位于细胞膜和细胞核之间,主要包括基质(matrix)、细胞器(organelle)和内含物(inclusion)。本章主要是观察几种细胞器和内含物在光镜下的形态。细胞核(nucleus)的形态往往与细胞的形态相适应,一般呈圆形或椭圆形,而且随着细胞增殖周期发生周期性的变化。本章通过观察马蛔虫卵的分裂进一步掌握细胞核的变化和形态。

二、实验目的和要求

(1)掌握光镜下 HE 染色细胞的形态和结构。
(2)通过几种特殊染色切片的观察,了解细胞器及细胞内含物的形态特征。
(3)通过电镜照片,掌握细胞的超微结构。
(4)掌握细胞有丝分裂的过程。

三、观察方法及观察要点

(一)各种细胞的观察

先在低倍镜下找一个细胞分布较均匀、染色清晰的视野,再转用高倍镜观察。

1. 肝细胞(HE 染色)　细胞质呈纤细的网状,细胞核呈圆形,核仁 1～2 个,染色较深,在细胞核的外围是被伊红染成红色或稍带紫红色的细胞质,往往呈颗粒状或网状,这是由于制片过程中蛋白质被固定而其中糖原、脂肪等内含物被溶解所造成。然后再分辨细胞与细胞界限,勾画出多面形的细胞轮廓来确定细胞膜的存在,但由于光镜分辨率所限,无法辨认其结构。

2. 精子(精子涂片,甲苯胺蓝染色)　精子形状像蝌蚪,头部扁圆,尾部呈鞭毛状。

3. 神经细胞(脊髓涂片,甲苯胺蓝染色)　其胞体呈星状,胞核大而圆,含少量染色质,核膜清楚,核仁较大位于核中央。由胞体延伸出若干个突起。

4. 平滑肌细胞(示范:分离标本、HE 染色)　平滑肌细胞呈长梭形,核呈杆状位于中央。

5. 血细胞(示范:牛血涂片)　红细胞呈双凹的圆盘状,无核,染成红色。白细胞呈圆球形,其细胞核有多种形态,有呈球形的,有呈肾形的,有的呈分叶状。

(二)各种细胞器的观察

先用低倍镜选择染色适度的地方和较大较清晰的细胞,然后换用高倍镜观察。

1. 线粒体(蝾螈肝、铁矾苏木精染色)　肝细胞的细胞质微带蓝色,其中散布着深蓝色的颗粒状或杆棒状的线粒体。细胞核圆而清亮,有时略呈土黄色,其中有几个染色质块。在蝾螈的肝,常可发现含有棕褐色色素颗粒的色素细胞,细胞较肝细胞大,呈黄色。

2. 高尔基复合体(猪脊神经节、镀银法)　神经细胞细胞核圆而清亮,核仁清楚,细胞质淡棕黄色,其中高尔基复合体呈网状,黑褐色,环核分布,由于切面的厚度有限,网状结构往往切断成颗粒状或蝌蚪状。

3. 中心体(马蛔虫的受精卵)　在低倍镜下找到处于分裂前期和中期的受精卵,可清楚地看到两颗蓝黑色的中心粒。

4. 粗面内质网(多极神经元的尼氏体)　在脊髓腹角的多极神经元中可见蓝色斑块状的结构,其微细结构不清。

(三)细胞内含物的观察

在低倍镜下观察即可。

1. 糖原(鼠肝、PAS 反应、苏木精复染)　在染成蓝色的肝细胞中,分布着紫红色的颗粒即为 PAS 反应所显示的糖原颗粒,由于固定的影响,这些颗粒往往偏集于细胞的一端。

2. 脂滴(鼠肝、锇酸固定、伊红复染)　在染成红色的细胞质中,分布着大小不等的黑色球形颗粒即为锇酸固定后的脂肪滴。

(四)细胞繁殖的观察

1. 有丝分裂(马蛔虫子宫切片、铁苏木精染色,图 2-1)　低倍镜观察,切片中有 4～6 个圆形马蛔虫子宫横切面。选择一个马蛔虫子宫横切面,子宫腔内有许多圆形马蛔虫卵切面,马蛔虫卵的外表面都包着一层较厚的胶质膜,其内是处于不同分裂阶段的受精卵细胞。

前期:核仁、核膜消失。染色质变成染色质丝,继而变成染色体,马蛔虫卵的染色体为两对,两颗中心粒开始向两端移动。

中期:中心粒两极,与纺锤丝共同形成纺锤体,纵裂为二的染色体很规则地排列在纺锤体的赤道面上。

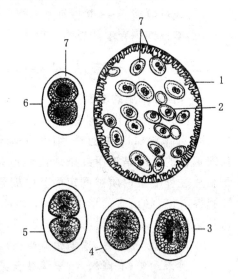

后期:纵裂了的染色体各分开成单体,并各向两端移动。在细胞的中部出现缢缩。

末期:移至中心粒附近的染色体重新组成细胞核,核仁核膜重新出现,同时整个细胞缢缩成两个子细胞。

2. 无丝分裂(蟋蟀卵膜上皮封片、铁苏木精染色)　先在低倍镜下找出染色适度的地方,再换高倍镜仔细观察。其卵膜上皮细胞呈多边形,细胞界限清楚,细胞质非常少,着深蓝色,核大而圆,着色反比细胞质淡,核仁清晰,着深蓝色。寻找处于无丝分裂各个时期的细胞,理解其分裂的全过程。随着核仁

图 2-1　动物细胞有丝分裂

1. 马蛔虫子宫壁　2. 马蛔虫卵
3. 前期　4. 中期　5. 后期
6. 末期　7. 胶质膜

拉长,中间断开成两个核仁的同时,细胞核随之凹缢成两个细胞核,随即整个细胞分裂成两个部分。

四、示范样本

高倍显微镜观察,经过细胞培养和特殊处理的细胞内含有呈线状的染色体,染色体的长短

不一。

五、电镜照片

1. 细胞膜(红细胞细胞膜)　由三层结构组成,内外两层电子密度高,中间层电子密度低。

2. 核膜　核膜由两层单位膜组成,有些区域两层核膜互相融合形成核孔。

3. 线粒体(肾小管上皮细胞)　细胞内有圆形、哑铃形和杆状的线粒体,线粒体是由内外两层单位膜形成的封闭囊状结构,外膜平滑,内膜向内折叠形成嵴。

4. 粗面内质网(胰腺细胞)　细胞内有大量平行排列的粗面内质网,表面附着有致密的核糖体。

5. 高尔基复合体(胃主细胞)　由几层弓形的扁平囊泡、成群的小泡和大泡组成。

六、思考题

(1)试述各种细胞器的功能及相互关系。

(2)细胞膜有哪些重要功能?

(3)什么是细胞周期? 细胞周期中细胞核有哪些变化?

南京农业大学动物医学院　杨　倩

第三章 上皮组织
Epithelium

一、内容简介

上皮组织(epithelium)由密集排列的细胞和少量细胞间质共同组成。根据上皮组织的形态结构和生理功能,可分为被覆上皮(covering epithelium)、腺上皮(glandular epithelium)、感觉上皮(sensory epithelium)、肌上皮(myoepithelium)和生殖上皮(germinal epithelium)等。

被覆上皮被覆于动物体的外表面或衬于体内各种管、腔及囊的内表面。被覆上皮根据细胞层数及形态分为单层被覆上皮(包括单层扁平上皮、单层立方上皮、单层柱状上皮、假复层柱状纤毛上皮)和复层被覆上皮(包括复层扁平上皮、变移上皮等)。腺上皮是以分泌功能为主的上皮。感觉上皮是一种特殊分化的上皮,具有特殊感觉机能。肌上皮是某些器官的上皮特化成的具有收缩能力的上皮。生殖上皮是位于睾丸曲精小管和卵巢表面的上皮。

二、实验目的和要求

(1)掌握各种类型被覆上皮的形态结构。
(2)了解外分泌腺中几种腺上皮细胞的形态结构特点。
(3)了解上皮细胞各个面的特化结构。

三、观察方法及观察要点

(一)
实验材料:猪大动脉(示单层扁平上皮)
染色方法:HE 染色
低倍镜观察:找到紧靠血管腔面的一细线,选择一清晰部位换高倍镜观察。
高倍镜观察:可见此线为一层细胞连接而成,由于胞质菲薄,故染色较淡。细胞核呈扁椭圆形,位于细胞中央并向管腔突出,染成蓝紫色。衬于心脏、血管及淋巴管腔面的单层扁平上皮称内皮,内皮表面光滑,便于血液、淋巴液流动。被覆于胸膜、腹膜及心包膜表面的单层扁平上皮称间皮,间皮滑润、坚韧耐磨,有保护功能,便于内脏器官活动。单层扁平上皮还分布于肾小囊壁层、肺泡壁、肾细段等处。

(二)
实验材料:蛙肠系膜(整体装片,示单层扁平上皮)
染色方法:镀银法
低倍镜观察:细胞多边形,彼此紧密相连。细胞之间有棕黑色的波形线,这是被银镀染的细胞间质。细胞核被苏木精染成蓝色,椭圆形。由于是整体装片,细胞结构不甚清晰。

(三)
实验材料:猪甲状腺(示单层立方上皮)
染色方法:HE 染色

低倍镜观察:在低倍镜下可以看到一个个大小不等的滤泡,滤泡中央有被染成红色的胶状物质。

高倍镜观察:构成滤泡壁的是单层立方上皮,细胞的高度和宽度约略相等而呈方形,核圆形在中央。由于各滤泡往往处于不同的生理功能情况下,因此各个滤泡的上皮细胞的高度差别很大。

(四)

实验材料:猪小肠(示单层柱状上皮)

染色方法:HE 染色

低倍镜观察:可见肠壁腔面有许多突起的小肠绒毛,选择一个结构清晰的小肠绒毛进一步详细观察。

高倍镜观察:小肠绒毛表面细胞形态为柱状,细胞界限不清,核椭圆形,染色深,呈紫蓝色,位于细胞基底部,细胞质染成淡粉色,转动细调焦螺旋,可见上皮的游离面有一条亮红色粗线样的结构即纹状缘,它是由微绒毛密集而成的。在局部的上皮细胞之间,夹有单个呈空泡样的杯状细胞,染色较淡。

(五)

实验材料:猪食管(示复层扁平上皮)

染色方法:HE 染色

低倍镜观察:找到紧靠腔面的复层扁平上皮,可见到上皮厚,层数多,选择一清晰部位换高倍镜观察。

高倍镜观察:高倍镜下从腔面向外观察,上皮细胞可分三个层次:表层由数层扁平状的细胞构成,胞质弱嗜酸性;中间层细胞大,层数多,由多边形或棱形的细胞构成,细胞核圆形或椭圆形,着色较浅,细胞质亦弱嗜酸性;基底层细胞呈立方形或矮柱状,位于基膜上,排列紧密,胞核椭圆着色深,胞质弱嗜碱性,因此,易与基膜下淡红色的结缔组织相区别。分布于皮肤表皮的复层扁平上皮,表层细胞内含大量的角质蛋白,形成角质层,最后细胞死亡呈干燥的鳞片状脱屑,称角化的复层扁平上皮,具有很强的保护和抗磨作用;而分布于口腔、食管和阴道腔面上的浅层细胞含角蛋白较少,不形成角质层,称非角质化的复层扁平上皮。

(六)

实验材料:狗气管横切片(示假复层柱状纤毛上皮)

染色方法:HE 染色

低倍镜观察:气管横切面是圆形,气管的黏膜层较薄,被覆的是假复层柱状纤毛上皮,选择其中较清晰的部分换高倍镜观察。

高倍镜观察:高倍镜下,由于构成上皮的三种细胞高低不一,故上皮中细胞核的位置亦高低不平,大致可排成三层。表层的细胞核呈椭圆形,较大,着色较淡的是高柱状细胞的核;中间层的细胞核呈较小的椭圆形,着色较深,是棱形细胞的核;最深层的细胞核呈圆形,着色最深,是锥形细胞的核。三种细胞同位于基膜上,实属单层上皮。注意高柱状细胞的游离面有纤毛。在上皮细胞之间还可看到一种单细胞腺——杯状细胞,其颈部宽大,充满着染成淡蓝色空泡状的黏液,其细胞核被挤压在狭细的底部,呈三角形。上皮的基底面与结缔组织之间有较明显的基膜。

(七)

实验材料:狗膀胱(示变移上皮)

染色方法:HE 染色

低倍镜观察:找到膀胱的黏膜面,选择其中较清晰的部分换高倍镜观察。

高倍镜观察:处于收缩状态的变移上皮细胞层次较多,一般为 4~6 层。其最表层覆盖着一层胞体较大呈立方形的盖细胞,其细胞质浓缩成角化状态,染色较深,称为壳层。在壳层下方的中间层细胞,呈倒置的梨形。基层的细胞都呈低柱形。各层的细胞核,都呈圆形或椭圆形。基膜不明显。当膀胱充盈扩张时,上皮变薄,减少至 2~3 层,细胞变成扁平形。

四、示范样本

颌下腺切片(HE 染色,示腺上皮):在颌下腺中,可以见到由浆液性细胞和黏液性细胞组成的三种不同形态的腺泡。浆液性腺泡呈圆形或椭圆形,由数个锥形的浆液性细胞围成,腺细胞基部胞质嗜碱性,细胞顶部含大量嗜酸性分泌颗粒而呈红色,核圆,位于细胞基部。黏液性腺泡由锥形的黏液性细胞组成,胞质内含大量的黏原颗粒,着色很淡,呈淡蓝色,核被挤向基底部,呈扁平月牙形。混合性腺泡是在黏液性腺泡的一侧有几个浆液性细胞附着,呈半月状排列,色红,又称浆半月。

五、电镜照片

1. *小肠上皮细胞*　柱状上皮的游离面可见微绒毛。柱状上皮的侧面可见几种细胞连接,包括紧密连接、中间连接和桥粒。

2. *气管上皮细胞*　上皮的表面可见大量垂直于细胞表面排列的纤毛。

3. *肾近曲小管上皮*　上皮的基部面可见质膜内褶和基膜。

六、思考题

(1)试述被覆上皮的分类、结构及分布。

(2)常见的细胞连接有哪几种?各有何功能?

沈阳农业大学畜牧兽医学院　石　娇

第四章 结缔组织
Connective Tissue

一、内容简介

结缔组织由少量的细胞和大量的细胞间质组成。其特点是细胞数量较少,无极性,分散在大量的细胞间质中。细胞间质是由细胞合成与分泌的细胞外物质,包括纤维和基质。基质有液态、固态和凝胶态。结缔组织根据形态结构不同,分为四大类:固有结缔组织、血液与淋巴、软骨组织和骨组织。固有结缔组织又分为疏松结缔组织、致密结缔组织、网状组织和脂肪组织。

二、实验目的和要求

(1)掌握固有结缔组织中特别是疏松结缔组织和网状组织等的形态特点。

(2)了解致密结缔组织和脂肪组织的光镜结构。

(3)掌握家畜血液中有形成分的形态结构特点,要求在显微镜下能正确地加以区分。

(4)了解畜、禽血液的有形成分形态上的异同。

三、观察方法及观察要点

(一)

实验材料:大鼠肠系膜(示疏松结缔组织)

染色方法:HE、地衣红染色

为了显示疏松结缔组织中的巨噬细胞,事先在活体通过腹腔注入台盼蓝染料后再取材制成标本。

低倍镜观察:可见纵横交错呈淡红色的胶原纤维和深紫色单根的弹性纤维,纤维间有许多散在的细胞。选择一薄而清晰的部位换高倍镜观察。

高倍镜观察:可以辨认以下两种纤维和三种细胞成分。

▶胶原纤维染成淡红色,数量多,为长短粗细均不等的纤维束,呈现波浪状且有分支,相互交织成网。

▶弹性纤维数量少,呈深紫色的发丝状,长而比较直,断端有卷曲。

▶成纤维细胞数量最多,胞体大,是具有多个突起的星形或多角形细胞。由于胞质染色极浅而细胞轮廓不清,只能根据细胞核较大,椭圆形,有 1~2 个明显的核仁等特点来判断,这些细胞多沿胶原纤维分布。另外还可见到一些椭圆形、较小且深染,核仁不明显的细胞核,此系功能不活跃的纤维细胞的细胞核。

▶巨噬细胞又称组织细胞,一般呈梭形或星形,最大的特征是胞质内有许多被吞噬的台盼蓝颗粒,细胞核较小,椭圆形且染色较深,见不到核仁,可借助于胞质中吞噬颗粒的存在来判断它的形状和大小。

（二）

实验材料：猪气管（示透明软骨）

染色方法：HE 染色

低倍镜观察：找到透明软骨后，即可见到表面有粉红色的嗜酸性软骨膜，中央的基质着浅蓝紫色，其中散布着许多软骨细胞。

高倍镜观察：软骨膜由致密结缔组织构成，可见平行排列的嗜酸性胶原纤维束，束间夹有扁平的成纤维细胞。软骨细胞位于软骨陷窝内，边缘的软骨细胞小，呈扁平形或椭圆形，越近中央，细胞体积越大，变成卵圆形或圆形。生活状态下软骨细胞充满软骨陷窝，制片后因胞质收缩，软骨细胞与陷窝壁之间出现空隙。由于软骨细胞分裂增殖，一个陷窝内常可见到 2～4 个软骨细胞，称同源细胞群。软骨基质呈均质凝胶状，埋于其中的胶原原纤维不能分辨。在软骨陷窝周围的基质中含有较多的硫酸软骨素而呈强嗜碱性，称软骨囊。

（三）

实验材料：猪血涂片

染色方法：Giemsa 染色

低倍镜观察：可见到大量圆形而细小的红细胞。白细胞很少，稀疏地散布于红细胞之间，具有蓝紫色的细胞核。选白细胞较多的部位（一般在血膜边缘和血膜尾部，因体积大的细胞常在此出现），换高倍镜观察。

高倍镜观察：

▶红细胞数量最多，体积小而均匀分布，呈粉红色的圆盘状，边缘厚，着色较深，中央薄，着色较浅。根据白细胞胞质中有无特殊颗粒，白细胞可分为有粒白细胞和无粒白细胞两类。有粒白细胞又根据颗粒对染料亲和性的差异，分为中性粒细胞、嗜酸性粒细胞和嗜碱性粒细胞三种。无粒白细胞有单核细胞和淋巴细胞两种。血小板体积很小，常三五成群散布于红细胞之间，为圆形、椭圆形、星形或多角形的蓝紫色小体，中央着色深的是血小板的颗粒区，周边着色浅的是透明区。

▶中性粒细胞是白细胞中数量较多的一种，体积比红细胞大，主要的特征是胞质中的特殊颗粒细小，分布均匀，着淡红色或浅紫色。胞核着深紫红色，形态多样，有豆形、杆状（为幼稚型，胞核细长，弯曲盘绕成马蹄形、"S"形）或分叶状，一般分 3～5 叶或更多，叶间以染色质丝相连，各叶的大小、形状和排列各不相同。

▶嗜酸性粒细胞比中性粒细胞略大，数量少，胞核常分两叶，着紫蓝色。主要特点是胞质内充满粗大的嗜酸性特殊颗粒，色鲜红或橘红。

▶嗜碱性粒细胞数量很少，体积与嗜酸性粒细胞相近或略小。主要特征是胞质中含有大小不等，形状不一的嗜碱性特殊颗粒，颗粒着蓝紫色，常盖于胞核上。胞核呈"S"形或双叶状，着浅紫红色。此种白细胞由于数量极少，必须多观察一些视野方能察见。

▶淋巴细胞有大、中、小三种类型。其中，小淋巴细胞最多，血膜上很易见到，体积与红细胞相近或略大。核大而圆，几乎占据整个细胞，核一侧常见凹陷，染色质呈致密块状，着深紫蓝色。胞质极少，仅在核的一侧出现一线状天蓝色或淡蓝色的胞质，有时甚至完全不见。中淋巴细胞体积与中性粒细胞相近，形态与小淋巴细胞相似，但胞质较多，呈薄层围绕在核的周围，在核的凹陷处胞质较多且透亮。大淋巴细胞在正常血液中不常见到，体积与单核细胞相近或略小，胞核圆形着深紫蓝色，胞质更多，呈天蓝色，围绕核周围的胞质呈一淡染区。

▶单核细胞是白细胞中体积最大的一种,胞核呈肾形、马蹄形或不规则形,常靠近细胞一侧,着色浅,染色质呈细网状。细胞质丰富,弱嗜碱性,呈灰蓝色,偶见细小紫红色的嗜天青颗粒。

四、示范样本

1. 猪骨干横磨片(龙胆紫染色)　由于是磨片,骨中的骨膜、骨细胞、血管及神经等已不存在,只留下骨板、骨陷窝及骨小管等结构。从外向内可见外层骨板、哈佛氏系统(骨单位)、内层骨板。在上述各种骨板周围可见到浅色的分界线即黏合线。在骨板间或骨板内有许多深染的小窝为骨陷窝,其周围伸出的细管为骨小管。骨陷窝和骨小管是骨细胞及其突起存在的腔隙,另外,还有少数呈横行或斜行的管道穿通内、外环骨板并与哈佛氏管相通,称伏克曼氏管。

2. 网状组织(猪淋巴结、硝酸银染色)　网状纤维和网状细胞胞体均染成黑色,网状细胞较大,有数目不等的胞质突起,相邻网状细胞的突起可互相连接成网。

3. 鸡血涂片(瑞氏染色)　鸡血的有形成分与家畜比较有以下不同:

(1)红细胞呈椭圆形,中央有一深染的椭圆形细胞核,不见核仁,胞质呈均质的淡红色。

(2)中性粒细胞又称异嗜性粒细胞,圆形,核呈分叶状,一般具有2～5个分叶,胞质内嗜酸性的特殊颗粒呈杆状或纺锤形。

(3)凝血细胞又称血栓细胞,相当于家畜的血小板。凝血细胞具有典型细胞的形态和结构,比红细胞略小,两端钝圆,核呈椭圆形,染色质致密。胞质微嗜碱性,内有1～2个紫红色的嗜天青颗粒。

其他血细胞基本上与家畜血细胞形态相似。

五、电镜照片

1. 成纤维细胞　胞质内可见大量的粗面内质网、游离核糖体及高尔基复合体。

2. 巨噬细胞　形态不规则,细胞表面有不规则的突起和微绒毛,胞质内含有大量的溶酶体、吞饮小泡和吞噬体。

3. 浆细胞　细胞圆形或卵圆形,核圆形,偏于一侧,染色质呈车轮状分布。胞质内有大量平行排列的粗面内质网。

4. 肥大细胞　胞体圆形、卵圆形,细胞表面有微绒毛,胞质内充满大小不等的膜包颗粒。

5. 胶原原纤维　可见明暗相间的周期性横纹。

6. 红细胞(扫描电镜)　单个的红细胞呈双凹的盘状。

六、思考题

(1)疏松结缔组织的组成成分包括哪些? 各有何功能?

(2)试述软骨组织的结构和软骨的种类。

(3)长骨的结构包括哪些?

(4)试述白细胞的分类、正常值和功能。

附　血液涂片的制作与瑞特氏（Wright）染色法

（1）取新鲜的动物血一滴，滴于载玻片上，用另一载玻片的一端与有血滴的载玻片形成一30°的角度，快速、均匀地将血滴推开（中间不要停顿，速度要一致，否则血膜呈现波浪状），制成一张薄而均匀的血膜（图 4-1）。注意，载玻片一定要清洗干净，不能有油污，以免血液不能很好地形成一层完整的膜。

（2）新鲜血膜在空气中干燥约 5 min 后，用甲醇（滴加）固定 5～10 min。

（3）将固定好的血膜片置于大培养皿中，滴加几滴瑞特氏染液，1 min 后再加与染液等量的磷酸盐缓冲液继续染色 2～5 min。染色过程中必须加盖，以免染液内的甲醇挥发。

▶瑞特氏染液的配制

瑞特粉末　　　　0.1 g

纯甲醇　　　50～60 mL

溶解后即可使用。

▶磷酸盐缓冲液的配制（pH 值 6.98～7.2）

磷酸二氢钾　　　　0.49 g

磷酸氢二钠　　　　1.14 g

蒸馏水　　　1 000 mL

（4）水洗。洗涤时，先不要倾去血膜片上的染液，而是在水洗的过程中洗去浮在面上的染液，这样就会减少沉淀物的附着。空气中自然干燥、镜检。

（5）必要时，可滴加香柏油封片。也有人待血膜片干后用中性树胶封片，但都不能长期保存。

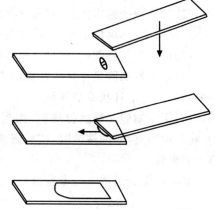

图 4-1　血液涂片的制作

（6）结果：①细胞核紫红色；②核仁淡蓝色或近似胞质的颜色；③细胞质灰蓝色、紫蓝色、多色性。

沈阳农业大学畜牧兽医学院　石　娇

第五章　肌　肉　组　织
Muscular Tissue

一、内容简介

肌肉组织的基本成分是肌细胞。肌细胞间有少量结缔组织、血管、淋巴管及神经等。肌细胞呈细条索状,故又称肌纤维。一般将肌细胞膜称为肌膜,细胞内除肌原纤维外的细胞质称为肌浆,其中的滑面内质网称肌浆网。

肌细胞的结构特点是在肌浆内有大量与肌纤维长轴平行排列的肌丝(myofilament),从而使肌纤维具有收缩和舒张的功能,以完成所在器官的各种运动。动物体内的肌肉组织可分为骨骼肌、心肌和平滑肌三种类型。前两种的肌纤维上都有明暗相间的横纹,又称横纹肌;平滑肌因无横纹而得名。骨骼肌的收缩受人的意识支配,又称随意肌;心肌与平滑肌的收缩不受人的意识支配,又称不随意肌,它们的收缩缓慢而持久,不易疲劳。

二、实验目的和要求

以骨骼肌为重点,掌握三种肌纤维的形态和结构特点,要求在显微镜下准确识别它们纵横切面的不同。

三、观察方法及观察要点

(一)

实验材料:猪骨骼肌纵、横切

染色方法:HE 染色

低倍镜观察:骨骼肌的纵切面上有许多平行排列着的圆柱状肌纤维,具有明暗相间的横纹,边缘有很多细胞核。横切面上可见肌纤维集聚成束,被切成许多圆形或多边形断面。无论纵切面或横切面,肌纤维周围都有疏松结缔组织包裹(肌内膜和肌束膜),结缔组织内含丰富的血管。

高倍镜观察:在高倍镜下找出一条横纹清晰的肌纤维观察。在肌纤维膜下分布着一些椭圆形的细胞核,可以见到核仁。肌纤维内含有顺长轴平行排列的肌原纤维,很多肌原纤维上的明带(I 盘)和暗带(A 盘)相间排列,就形成了横纹。仔细观察,在暗带中有一淡染的窄带称 H 带,H 带中央还有一细的 M 线。在一般光镜下,M 线不能见到。在明带中央有一条隐约可见的 Z 线(间线),相邻两条 Z 线之间的一段肌原纤维即为一个肌节。

(二)

实验材料:猪心肌纵、横切

染色方法:HE 染色

低倍镜观察:由于心肌纤维呈螺旋状排列,故在切面中可同时观察到心肌纤维的纵切、斜切或横切面。各心肌纤维之间由结缔组织相连系并含有丰富的血管。

高倍镜观察:先观察纵切的心肌纤维,细胞呈短柱状,平行排列,并以较细而短的分支与邻近的肌纤维相吻合,互连成网。胞核椭圆形,位于细胞中央,注意核周围由于肌浆较多而呈淡染区。心肌纤维亦可见明暗相间的横纹,但不如骨骼肌明显。心肌横切面呈大小不等的圆形或椭圆形,心肌无骨骼肌那样结构典型的肌原纤维,并呈放射状分布于肌纤维周边,中间有一圆形胞核,核周围清亮,但很多切面未能切到核。

(三)

实验材料:小肠横切片(示平滑肌纵、横切)

染色方法:HE 染色

低倍镜观察:切片呈红色,本实验观察的是小肠的肌层,呈更深的红色,而且比较厚。低倍镜下从小肠的腔面向外观察,依次是黏膜层、黏膜下层(淡红色)、肌层(深红色)和浆膜。肌层发达,由平滑肌纤维呈内环行、外纵行排列。在此切面上内环肌呈纵切,外纵肌呈横切。

高倍镜观察:纵切的平滑肌纤维呈细长纺锤形,彼此嵌合紧密排列,胞核为长椭圆形,位于肌纤维中央,若见到扭曲的细胞核,是由于平滑肌收缩所引起。胞质嗜酸性,呈均质状,不具横纹。横切的肌纤维呈大小不等的圆形切面,较大的切面上可见到圆形的细胞核,偏离肌纤维中部的切面均较小而无核。

四、示范样本

心肌闰盘(铁苏木精或钾矾-苏木红染色):高倍镜下可清楚见到肌纤维的分支和横纹,在两个心肌纤维的连接处,可见到染成深蓝色呈阶梯状的闰盘。

五、电镜照片

1. 骨骼肌纤维　在骨骼肌的纵切面,清楚可见肌原纤维的明带、暗带、Z 线、H 带、M 线、肌节以及肌原纤维之间的线粒体。横小管和两边的终池构成三联体。

2. 心肌纤维　在心肌的纵切面,可见肌浆网和大量的线粒体,横小管常和一边的终池构成二联体。闰盘由相邻两个心肌细胞相互嵌合构成。

六、思考题

(1)试述骨骼肌、心肌、平滑肌的光镜结构。

(2)比较三种肌纤维形态结构上的异同点。

沈阳农业大学畜牧兽医学院　石　娇

第六章 神 经 组 织
Nervous Tissue

一、内容简介

神经组织由神经细胞和神经胶质细胞组成。神经细胞又称神经元(neuron),是神经系统的结构和功能单位,具有接受刺激、整合信息和传导冲动的能力。神经胶质细胞对神经细胞起支持、营养、保护和绝缘等作用。神经元由胞体和突起构成。其胞体呈圆形、锥形、梭形和星形等。胞质内除含一般的细胞器和发达的高尔基复合体外,还有特殊的两种细胞器,即尼氏体和神经原纤维。尼氏体呈嗜碱性颗粒状或斑块状,由许多平行排列的粗面内质网和游离核糖体构成。神经原纤维交错排列成网,并伸入树突和轴突。神经原纤维构成神经元的细胞骨架,参与物质的运输。突起包括树枝状的树突和较长而单个的轴突。神经元按胞突数目分为假单极神经元、双极神经元和多极神经元,按功能分为感觉神经元、运动神经元和联络神经元。

神经纤维(nerve fiber):由中央的轴索和包在外面的神经胶质细胞构成,根据神经胶质细胞是否形成髓鞘,可将其分为有髓神经纤维和无髓神经纤维。

神经胶质细胞(neuroglial cell):数量很多,有突起,无尼氏体和神经原纤维,在中枢可分为星形胶质细胞、少突胶质细胞、小胶质细胞和室管膜细胞,在外周神经有被囊细胞和雪旺氏细胞。星形胶质细胞是最大的一种神经胶质细胞,胞体呈星形,核圆形或卵圆形,较大,染色较浅,胞质含有胶质丝,是一种中间丝。星形胶质细胞可分为纤维性和原浆性两种。纤维性星形胶质细胞多分布于脑和脊髓的白质,其胞突长而直,分支较少,胶质丝丰富;原浆性星形胶质细胞多分布于脑和脊髓的灰质,胞突较短粗,分支多,胞质内胶质丝较少。

二、实验目的和要求

(1)掌握神经组织的结构特点;注意区别多极神经元和假单极神经元形态的特点及有髓神经纤维、无髓神经纤维、星形胶质细胞、室管膜细胞形态的特点。

(2)在高倍镜下辨别尼氏体、神经原纤维、郎飞氏节、轴索。

三、观察方法及观察要点

(一)

实验材料:猪脊髓(示脊髓腹角内多极神经元)

染色方法:HE 染色

低倍镜观察:肉眼观察脊髓切片,可见脊髓横断面的中央有一"H"形深染结构,此为脊髓的灰质。灰质的较宽大一端为腹角,较细小一端为背角。周围的染色浅的部分是脊髓的白质。低倍镜观察腹角,可见许多体积较大的多角形细胞,单个或成群排列,为多极运动神经元。

高倍镜观察:运动神经元胞体呈多角形,胞体内可见细胞核和尼氏体等结构。细胞核大而圆,多位于胞体的中央,核染色淡,核内异染色质少,故核呈空泡状,核仁清楚可见;胞质中充满紫蓝色小块状或颗粒状结构,为尼氏体(虎斑)。从胞体发出多个突起,切片中仅见突起根部,轴突、树突难以区分。

（二）

实验材料:猫小肠神经丛(示多极神经元)

染色方法:镀银染色

低倍镜观察:可见许多散在的黑灰色神经细胞群。细胞较大,突起细长,为多极神经元。

高倍镜观察:胞体较大,向四周伸出多个细长的突起,胞体中央的圆形浅染区相当于细胞核,有时可见黑染的核仁。在胞体内有许多黑灰色的细丝状结构交织成网状,为神经原纤维。

（三）

实验材料:牛脊神经节(示假单极神经元)

染色方法:HE 染色

低倍镜观察:最外层有染色深的结缔组织构成的被膜。被膜的结缔组织深入神经节内,构成支架。被膜下有许多大小不等的圆形细胞,为感觉神经元,属于假单极神经元,沿神经节的长轴成行排列,行间红染的神经纤维由这些假单极神经元的突起构成。

高倍镜观察:胞核大,染色质少,核仁清晰。在细胞周围还有一层扁平细胞包围着,称卫星细胞,是神经胶质细胞。突起穿出被囊后呈"T"形分支,一支走向中枢,一支走向外周。突起大多数是有髓神经纤维。

（四）

实验材料:牛坐骨神经(纵断面,示有髓神经纤维)

染色方法:HE 染色

低倍镜观察:可见许多粉红色平行排列的神经纤维束,多为粗细不等的有髓神经纤维构成。

高倍镜观察:在神经纤维的一定距离上,可见粉色线条的凹陷处即郎飞氏节。神经纤维中央一条粉红色的线状结构为轴突。轴突两侧染色较淡,呈细网状的结构为髓鞘。髓鞘外方较细的粉红色线条即神经膜。

（五）

实验材料:牛坐骨神经(横断面,示有髓神经纤维)

染色方法:HE 染色

低倍镜观察:重点了解神经的组成。在整个神经的外面包有一层结缔组织,称为神经外膜。外膜包裹许多大小不等的圆形结构即神经纤维束,每一神经束的外层结缔组织为神经束膜,这层膜在标本中染色深,很明显。神经束内被横断的有髓神经纤维呈大小不等的圆形结构。在每条神经纤维的外面可见到很薄的结缔组织,即神经内膜。

高倍镜观察:重点观察神经纤维横断面的构造。在横断面上,有髓神经纤维呈圆形,每条神经纤维中央为染成浅蓝色圆形的轴突断面,其周围的粉红色浅染区相当于髓鞘,髓鞘周围一层环形粉红色的结构为神经膜。有的断面可见弯月形雪旺氏细胞核包于髓鞘之外。神经纤维之间可见少量结缔组织和毛细血管,其中可见深染圆形的成纤维细胞核,应与雪旺氏细胞核相区别。标本中可见神经纤维粗细不等,髓鞘厚薄与轴突的粗细成正比:粗神经纤维的轴突粗、髓鞘厚;细神经纤维的轴突细、髓鞘薄。

（六）

实验材料：牛交感神经节（示无髓神经纤维）

染色方法：HE染色

低倍镜观察：肉眼见到的长椭圆形或圆形组织即为颈部交感神经节的横断面。低倍镜下可见交感神经节被覆着致密结缔组织的被膜，被膜深入神经节内构成支架，在其中分散地分布着较大的交感神经节细胞。节细胞间可见成束平行排列的神经纤维。神经节内还可见许多小血管断面。

高倍镜观察：交感神经节细胞是多极神经元，由于切片关系胞突不能完全被切到，所以见到的细胞是多边形或圆形的。选一切面较完整的节细胞进行观察，可见胞质内含有嗜碱性、弥散分布的细小颗粒，为尼氏体。有的细胞内还能见到大量棕黄色颗粒即脂褐素颗粒。交感神经节细胞核较大，圆形，染色浅，核仁也很明显。在交感神经节细胞周围也有卫星细胞和结缔组织细胞包绕，但数量较少。卫星细胞的核呈圆形，着色稍深，而结缔组织细胞核呈梭形，着色较深。

交感神经节内含有髓和无髓的神经纤维，前者在脊神经节内已叙及，现观察无髓神经纤维。在镜下见到无髓神经纤维多成束排列，在纵切面上注意勿与结缔组织纤维相混淆。

（七）

实验材料：兔大脑（示星形胶质细胞）

染色方法：镀银法

低倍镜观察：首先分辨出表层着色较浅的大脑皮质和内部着色较深的大脑髓质。

高倍镜观察：在大脑皮质浅层，神经细胞之间，可见许多多突起的胶质细胞，即原浆性星形胶质细胞，突起短而粗，分支很多，表面粗糙，看不清其内含的胶质丝。在大脑皮质深层，可见多突起的纤维性星形胶质细胞，突起多而直、细长呈放射状，表面光滑。

（八）

实验材料：兔大脑（示室管膜细胞）

染色方法：HE染色

低倍镜观察：选含有侧脑室的大脑切片。低倍镜下可见室管膜衬在侧脑室腔面的细胞为单层柱状上皮。

高倍镜观察：室管膜细胞呈立方形或柱形，游离面有许多微绒毛，少数细胞有纤毛，部分细胞的基底面有细长的突起伸向深部。

四、示范样本

1. 猫肠系膜环层小体（整体装片）　低倍镜下环层小体呈圆形或椭圆形，中央有一条染色较深的由无髓神经纤维组成的细而直的圆柱形内轴，外包数十层呈同心圆排列的由扁平细胞和胶原纤维形成的被囊。

2. 骨骼肌运动终板（镀银法）　低倍镜下骨骼肌纤维呈紫红色，神经纤维呈黑色细线状，终末分支与肌纤维形成终板。高倍镜下单根神经纤维末端在骨骼肌纤维表面的分支膨大，呈爪状（花斑状）结构，此即为运动终板。

五、电镜照片

1. 神经元　注意观察细胞膜、细胞核的特点,神经元内含有较多的粗面内质网、游离核糖体、高尔基复合体、溶酶体。

2. 有髓神经纤维　注意区分轴突、髓鞘、雪旺氏细胞。

3. 无髓神经纤维　注意区分有髓神经纤维与无髓神经纤维的不同,雪旺氏细胞(一个雪旺氏细胞包绕数条轴突)与有髓神经纤维雪旺氏细胞的不同。

4. 突触　突触前膜和突触后膜处的细胞膜比其他部位的要厚,其中突触前膜中分布有较多的突触小泡。突触前膜和突触后膜之间存在较窄的间隙为突触间隙。

六、思考题

(1)光镜下神经细胞的特征性结构有哪些?

(2)如何正确理解有髓神经纤维中雪旺氏细胞和轴突间的关系?

河北农业大学动物科技学院　胡　满

第七章 神经系统
Nervous System

一、内容简介

神经系统主要由神经组织组成,分为中枢神经和周围神经两部分,前者包括脑和脊髓,后者由脑神经、脊神经、植物性神经及它们的神经节组成。

1. 脊髓(spinal cord) 横切面由中央的蝶形灰质和周围的白质组成。灰质中央有一纵贯脊髓的中央管。灰质分腹角、背角和侧角(侧角主要见于胸腰段脊髓)。腹角内大多是躯体运动神经元,侧角内的神经元是交感神经系统的节前神经元。腹角和侧角内的这些运动神经元的轴突出脊髓组成脊神经腹根。背角内的神经元组成较复杂,其中的神经元较小。

2. 大脑(cerebrum) 由表层的皮质(灰质)和深层的髓质构成。大脑皮质由外向内依次分为分子层、外颗粒层、外锥体细胞层、内颗粒层、内锥体细胞层和多形细胞层六层。分子层在皮质最表面,以平行的神经纤维为主,神经元较少,主要是小型的星形细胞和水平细胞,其轴突和树突均与皮质表面平行;外颗粒层神经元较多,由许多星形细胞和少量小型锥体细胞构成;外锥体细胞层较厚,神经元很多,主要是中、小型锥体细胞,以中型占多数,其顶树突伸至分子层,轴突组成联合传出纤维;内颗粒层细胞密集,多数是星形细胞;内锥体细胞层主要由大、中型锥体细胞组成,其顶树突伸至分子层,轴突组成投射纤维;多形细胞层的细胞形态多样,以梭形细胞为主,有少量锥体细胞和星形细胞。

3. 小脑(cerebellum) 由灰质和白质构成,灰质构成小脑皮质,白质在中央,由神经纤维组成。根据神经元的分布,小脑皮质可分为分子层、浦肯野氏细胞层和颗粒层。分子层是小脑皮质最外面较厚的一层,主要由来自深层的浦肯野氏细胞的树突和颗粒细胞的轴突构成,突起间分散分布着星形细胞(水平细胞)和篮状细胞。浦肯野氏细胞层由一层浦肯野氏细胞构成。浦肯野氏细胞为大的多极神经元,树突有许多分支伸向分子层,轴突穿过颗粒层入白质,终止于其中的神经核,是小脑的唯一传出纤维。颗粒层为小脑皮质的最深层,主要由密集的颗粒细胞组成。

4. 脊神经节(spinal ganglion) 位于脊神经背根,一般为卵圆形,外包结缔组织被膜。脊神经节内有许多假单极神经元(感觉神经元)胞体和平行排列的神经纤维束。神经元胞体呈圆形或卵圆形,大小不等。胞核圆形,位于胞体中央,核仁明显。胞质内的尼氏体细小分散。从胞体发出一个突起,其根部在胞体附近盘曲,然后呈"T"形分支,即一支中枢突和一支外周突。神经元胞体及其附近盘曲的胞突外面有一层扁平的卫星细胞包裹,在"T"形分支处改为由雪旺氏细胞包裹。脊神经节内的神经纤维大部分是有髓神经纤维。

二、实验目的和要求

(1)掌握动物神经系统主要器官的结构特点;注意比较脊髓、大脑、小脑以及脊神经节的组织结构特点。

(2)在高倍镜下辨别出大脑锥体细胞、小脑浦肯野氏细胞、脊神经节细胞。

三、观察方法及观察要点

（一）

实验材料：猪脊髓

染色方法：HE 染色

低倍镜观察：肉眼观察，切片中脊髓横断面呈扁圆形，其外面包裹着脊膜。脊髓中央有一"H"形深染结构，此为脊髓的灰质，周围的染色浅的部分为白质。灰质的一对较宽大的突出部分为腹角，较细小的突出部分为背角。低倍镜观察，由外向内分辨出脊膜、白质和灰质。白质由神经纤维集中形成，其中多为有髓神经纤维的横断面。灰质由神经元的胞体、大量神经胶质细胞和无髓神经纤维构成。腹角中有体积很大的神经元胞体，数量多，成群分布。背角中的神经细胞较小，数量较少，分散排列。脊髓中央的空隙为脊髓中央管，由立方形或矮柱状室管膜细胞构成其管壁。

高倍镜观察：腹角运动神经元的胞体呈多角形，胞体内可见细胞核和尼氏体等结构。细胞核大而圆，多位于胞体的中央，核染色淡，核内异染色质少，故核呈空泡状，核仁清楚可见；胞质中充满紫蓝色小块状或颗粒状结构（粗面内质网），为尼氏体（虎斑）。这种神经元是多极的，突起很多，但不在一个水平面上。切片上只能看到两三个突起的根部，轴突、树突难以区分。胞体中还有呈网状的神经原纤维。轴丘部位和轴突内没有尼氏体。侧角和中间带可见成群的中型交感神经元。背角伸向背侧，细而长，可见多极神经元、神经纤维及神经胶质细胞。白质多为被横断的有髓神经纤维（髓鞘被溶解发亮）和少量的无髓神经纤维，神经纤维之间有神经胶质细胞。

（二）

实验材料：兔大脑

染色方法：HE 染色

低倍镜观察：肉眼观察，切片周缘起伏不平且着色较浅的是大脑皮质部分，2～3 mm 厚，深部着色略深为髓质。低倍镜观察，大脑的脑软膜下为皮质，由神经元、神经胶质和无髓神经纤维组成。根据神经元的大小、形态及分布，可将皮质由浅至深分为六层。第一层为分子层，位于皮质最浅层，神经细胞数量少，有水平细胞和星形细胞，体积小，排列稀疏，镜下看不清细胞的形态。第二层为外颗粒层，厚度与分子层相当，神经细胞较密集，由许多星形细胞及少量小锥体细胞组成。其中小锥体细胞的形态较清楚，胞体呈锥体形。第三层为外锥体细胞层，此层较厚，与外颗粒层无明显分界，神经细胞排列较稀疏，可见较多中、小型锥体细胞。第四层为内颗粒层，由多量星形细胞与少量锥体细胞组成。第五层为内锥体细胞层，主要为分散的大、中型锥体细胞。第六层为多形细胞层，以梭形细胞为主，尚有少量锥体细胞和星形细胞，但镜下看不清各种细胞的形态。髓质染浅粉色，神经纤维排列较为整齐，其中可见神经胶质细胞。

高倍镜观察：在内锥体细胞层选一切面较完整的锥体细胞进行观察。锥体细胞的胞体呈锥体形，其主树突自细胞体顶端伸向皮质表面，其余的突起因切面关系不易见到。锥体细胞的胞质含嗜碱性的尼氏体，细胞核较大，呈圆形或椭圆形，位于细胞体中部。

（三）

实验材料：兔小脑

染色方法：HE 染色

低倍镜观察：肉眼观察，表面浅粉色及紫蓝色的部分为小脑皮质，深层浅粉红色的部分为髓质。在低倍镜下分出小脑皮质的三层结构。其中主要分辨小脑的浦肯野氏细胞，此细胞呈梨形，树突反复分支形成扇形，胞体整齐地排成一层。小脑皮质的第一层是靠脑膜那层，为分子层，染色浅，有大小皮质细胞，但数量较少，都是多极神经元，浅层为星形细胞，深层是篮状细胞，HE 切片上不易区分。第二层为浦肯野氏细胞层，由一层浦肯野氏细胞整齐地排列而成。第三层为颗粒层，靠近白质，细胞小而多，胞核大而圆，整个细胞染色深，是体内最小的细胞，称颗粒细胞。小脑深部为白质，由攀登纤维、苔状纤维和浦肯野氏细胞的轴突等构成。另外，在小脑白质中有齿状核。如此部位切不到，就看不见。

高倍镜观察：选一形态完整的浦肯野氏细胞进行观察。小脑浦肯野氏细胞的细胞大，胞体呈梨形或圆形。主树突自胞体顶端伸出并走向皮质表面。主树突反复分支呈扇形伸入分子层，但因切片关系不易全部见到，只在细胞顶端可见树突根部及其分支。细胞核大，圆形，位于细胞中央，核内异染色质少，核仁明显。细胞质含有嗜碱性的尼氏体。轴突不易见到。

（四）

实验材料：牛脊神经节

染色方法：HE 染色

低倍镜观察：脊神经节是脊神经背根在椎管内的膨大部分，为椭圆形器官。低倍镜下观察最外层有染色深的结缔组织构成的被膜。被膜的结缔组织深入神经节内，构成支架。被膜下有许多大小不等的圆形细胞，为感觉神经元，属于假单极神经元，沿神经节的长轴成行排列，行间有红染的神经纤维，是由这些假单极神经元的突起构成。

高倍镜观察：胞核大，染色质少，核仁清晰。在细胞周围还有一层扁平细胞包围着，称卫星细胞，是神经胶质细胞。感觉神经元往往成群分布，之间由结缔组织分隔开。此外，脊神经节中主要是有髓神经纤维。卫星细胞外还有由结缔组织形成的被囊。突起穿出被囊后作"T"形分支，一支走向中枢，一支走向外周。突起大多数是有髓神经纤维。

四、示范样本

1. 猫的小脑梨形细胞　按 Golgi 法或 Cox 法镀银或镀汞，火棉胶包埋，制成与小脑叶片长轴垂直的切片。此法将细胞镀成棕黑色，故细胞内部结构不可见。

低倍镜观察：在皮质部分寻找胞体较大的棕黑色梨形细胞。其胞体呈梨形，有一两个粗大的主树突由胞体伸向小脑的表面。主树突反复分支甚多，其整体形态类似侧柏叶状或扇形，为梨形细胞所特有。所有细胞的主树突的分支基本上是在一个平面上，此标本的切面恰与树突分支的平面相平行，故可见树突的全貌。如切面与树突分支不平行，则所见树突分支较少，树突分支的特殊形式亦不明显。结合高倍镜观察，可见除主树突外，所有粗细树突的分支上都有无数颗粒状的树突棘密布。由胞体的另一面伸出一个细长的突起，是轴突。轴突的表面光滑，其方向与树突相反，进入小脑髓质。因制片时轴突已被切断，只可见轴突自胞体伸出的一小段。

2. 猫的大脑锥体细胞　按 Golgi 法或 Cox 法镀银或镀汞，火棉胶包埋，制成与大脑表面垂直的切片。

锥体细胞在皮质内彼此平行排列，而且不止一层。锥体细胞的形态大致相似，但可分大、中、小三型。所有的细胞均呈棕黑色。选择较大的锥体细胞,结合高倍镜作详细观察。锥体细胞的胞体呈三角形,自胞体顶端伸出一个较大突起,是主树突,伸向大脑表面,由主树突又可伸出一些分支。由三角形胞体的底面伸出一个细长的轴突,轴突的表面光滑,方向与主树突相反,进入大脑髓质。因切片关系,在此只能见到轴突自胞体伸出的一小段。

五、电镜照片

大脑皮质神经元:可见神经元胞核、核仁、线粒体、粗面内质网、游离的核糖体、高尔基复合体和有髓神经纤维。

六、思考题

(1)大脑皮质与小脑皮质分层上各有何特点?
(2)脊髓腹角和脊神经节的组织结构有何不同?

河北农业大学动物科技学院　　胡　满

第八章 循 环 系 统
Circulatory System

一、内容简介

循环系统是一个分支的封闭的管道系统,由心血管系统(cardiovascular system)和淋巴管系统(lymphatic vessel system)组成。心血管系统由心脏、动脉、毛细血管和静脉组成。心脏是循环系统的动力器官,可推动血液在血管中环流不息。动脉是引导血液远离心脏至毛细血管的管道。毛细血管连接在微动脉与微静脉之间,是实现血液与周围组织之间物质交换的重要结构。静脉是引导血液回心脏的管道。淋巴管系统是一个单程向心回流的管道系统,由毛细淋巴管、淋巴管和淋巴导管组成。毛细淋巴管以盲端起始于组织间隙,进入管内的组织液称淋巴,经淋巴管和淋巴导管,最后汇入大静脉。

二、实验目的和要求

掌握毛细血管、动静脉血管和心脏的组织结构。

三、观察方法及观察要点

(一)

实验材料:猪中动脉

染色方法:HE染色

低倍镜观察:横断面上可见中动脉管壁分三层。由腔面向外分别为内膜、中膜和外膜。内膜最薄,着色较浅;中膜最厚,着色较深;外膜较薄,着色最浅。

高倍镜观察:

▶内膜又可分为比较明显的三层,即内皮、内皮下层、内弹性膜。内皮细胞核呈圆形,由于细胞向管腔凸起而使胞核突入管腔。内皮下层为一薄层结缔组织,不很明显。内弹性膜为一薄层弹性纤维网形成的膜,在HE染色的切片上呈均质状,被染成淡红色,由于血管壁的收缩使其呈波浪状。

▶中膜是三层中最厚的一层,主要由多层螺旋状排列的平滑肌组成。在肌纤维之间有少量胶原纤维和弹性纤维,纤维成分由平滑肌细胞所形成。

▶外膜由结缔组织组成,其纤维大多是纵行,近中膜处弹性纤维较多,有时形成外弹性膜。外膜上可见较多的自养小血管和脂肪细胞。

(二)

实验材料:猪中静脉

染色方法:HE染色

低倍镜观察:横断面上可见中静脉管壁也可分三层,但与中动脉相比,中静脉有以下4个特点。

(1)血管的直径比伴行的动脉大。

(2)管壁比动脉薄,弹性成分和平滑肌均较少,管壁常常塌陷而不规则。

(3)没有内外弹性膜,所以三层膜的界限不清,三层膜中外膜最厚。

(4)管腔内较易有血细胞贮留。

(三)

实验材料:猪大动脉

染色方法:HE 染色

低倍镜观察:大动脉又称弹性动脉,其内弹性膜发达,分三四层,它与中膜的弹性膜相混不易分开;中膜最厚,分布有大量紫蓝色条纹(弹性纤维)。

高倍镜观察:主要由大量环形的弹性膜组成,杂有少量平滑肌和胶原纤维;外膜较薄,有大量纵行的胶原纤维,其中分布有自养血管。

(四)

实验材料:猪心脏

染色方法:HE 染色

低倍镜观察:在低倍镜下心脏壁可区分为三层结构,即心内膜、心肌膜和心外膜。心内膜着浅粉色,心肌膜很厚,着色较红,其外面为心外膜。

高倍镜观察:心内膜又分三层。内皮为单层扁平上皮。内皮下层为薄层纤细的结缔组织。心内膜下层由疏松结缔组织组成,其中分布有血管、神经和粗大成团的浦肯野氏纤维(也称束细胞)。浦肯野氏纤维是心脏传导系统的主要成分,是一种特殊的心肌纤维,其直径较心肌纤维大,中央有 1～2 个核,肌浆丰富,肌原纤维不发达,常呈扭曲状态,在切片上的断面较不规则,染色较淡。心肌膜由各种方向排列的心肌纤维构成,心肌纤维之间有少量结缔组织和丰富的毛细血管。心外膜即心包膜的脏层。外表为一层间皮,其内为薄层结缔组织,其中分布有小血管、淋巴管、神经、脂肪细胞等。

四、电镜照片

三种毛细血管的观察:连续毛细血管的内皮细胞有紧密连接,周围有基膜和周细胞的分布;有孔毛细血管内皮细胞胞质很薄,其中分布有许多小孔;血窦内皮细胞间隙较宽,腔不规则。

五、示范样本

兔肠系膜(HE 染色,示毛细血管和小血管):在淡粉红色薄膜中,可见粗细不等的分支,这些均为肠系膜中的小动脉、小静脉、微动脉、微静脉及毛细血管。微动脉管径较小,管壁较薄,管壁上除有内皮细胞外还有少量与血管长轴垂直的平滑肌细胞核。微动脉再分支形成许多毛细血管,毛细血管相互通连吻合成网。毛细血管的管径很细,管壁很薄,只见一层内皮细胞核突向腔面,有时管腔内可见单行排列的红细胞。在内皮的外面可见周细胞。微静脉与微动脉相比较,管腔较粗,管壁很薄,内皮细胞外无平滑肌纤维。

六、思考题

(1)中动脉和大动脉的结构有何不同?

（2）心内膜下层的束细胞与心肌纤维有何不同？

（3）中动脉和中静脉的结构有何不同？

南京农业大学动物医学院　杨　倩

第九章 免疫系统
Immune System

一、内容简介

免疫系统主要由淋巴器官、淋巴组织及淋巴细胞、抗原递呈细胞等组成。根据功能及淋巴细胞的来源不同,淋巴器官可分为中枢淋巴器官和周围淋巴器官。前者包括胸腺、骨髓及禽类的腔上囊,后者包括淋巴结、脾、扁桃体、血结和血淋巴结等。

胸腺(thymus)的表面覆有一层结缔组织构成的被膜,被膜伸入实质内将胸腺实质分隔成许多不完整的小叶,称胸腺小叶。每个小叶分为皮质和髓质两部分,各小叶的髓质可相互连接。胸腺实质内主要以上皮性网状细胞为支架,大量的淋巴细胞在此进行分化发育。胸腺的皮质主要由密集排列的胸腺细胞和少量上皮性网状细胞组成。髓质主要由较多的上皮性网状细胞、较少的胸腺细胞及巨噬细胞和一些胸腺小体等组成。

淋巴结(lymph node)的表面被覆有薄层的结缔组织被膜,若干条输入淋巴管穿过被膜进入被膜下淋巴窦。被膜结缔组织伸入淋巴结内形成小梁,小梁再进行分支,彼此联络成网构成实质的粗网架。淋巴结的实质分布在被膜的下方和小梁与小梁之间,可分为皮质和髓质两部分。皮质位于被膜下面,由淋巴小结、副皮质区和皮质淋巴窦组成。髓质由髓索及与其相间排列的髓窦组成。

脾(spleen)的被膜由一层较厚的富含平滑肌和弹性纤维的结缔组织构成,被膜结缔组织伸入脾实质形成许多分支小梁,小梁互相吻合构成脾实质的粗网架,而小梁之间的网状组织则构成微细网架。实质可分为白髓、红髓和边缘区三个部分。白髓主要由密集的淋巴组织构成,它又可分为动脉周围淋巴鞘和淋巴小结两个部分。红髓主要由脾索和脾窦组成。边缘区主要位于白髓与红髓的交界处,主要由弥散淋巴组织构成。

腔上囊是禽类产生 B 淋巴细胞的中枢淋巴器官,它是泄殖腔上方的一个盲囊,有小孔与泄殖腔相通,其组织结构保留着与消化管相似的层次,即由黏膜、黏膜下层、肌层和外膜构成。淋巴组织主要位于黏膜层。固有层含大量排列紧密的淋巴小结,这些淋巴小结与其他的结构不同,由深色的皮质和淡色的髓质组成。皮质和髓质中的细胞成分与胸腺相似。

鸡的胸腺有 7 对,分布在整个颈部的两侧,每侧 7 个叶。与家畜相似,鸡的胸腺表面也覆盖有一层结缔组织构成的被膜,被膜向实质内深入,将实质分隔成许多不完全的小叶。每个小叶分为皮质和髓质两部分,皮质和髓质的结构与家畜很像。

鸡的脾脏呈球形,位于肌胃和腺胃交界处的右背侧,呈红棕色或紫红色。鸡脾的被膜由一薄层结缔组织构成。脾髓也可分为白髓和红髓两个部分,但二者的分界不如家畜的明显。

头肾是鲤鱼的主要免疫器官。头肾位于围心腹腔隔膜的前背方,由左右对称的两叶构成,每一叶又由近似三角形和近似四边形的前后两小叶组成。实质主要由淋巴组织和血窦构成。

鲤鱼的胸腺也是鲤鱼的免疫器官。胸腺位于鳃腔背顶角内侧,埋藏在上耳鳃锁肌之间,左右各一,呈"Y"字形。胸腺的实质可分为皮质和髓质两个部分。皮质主要由密集排列的淋巴细胞组成。髓质中上皮性网状细胞数量较多,淋巴细胞较少。

二、实验目的和要求

(1)掌握动物主要淋巴器官的结构特点;注意比较胸腺、淋巴结、脾脏以及腔上囊组织结构的异同点。

(2)在高倍镜下辨别出网状细胞、淋巴细胞、巨噬细胞、浆细胞。

(3)掌握猪淋巴结与一般家畜的不同点。

(4)掌握头肾和胸腺的结构特点。(淡水养殖专业)

三、观察方法及观察要点

(一)

实验材料:成年猪胸腺

染色方法:HE 染色

低倍镜观察:低倍镜下胸腺大体由被膜、皮质和髓质组成。

(1)被膜。是位于胸腺表面的薄层结缔组织。被膜结缔组织伸入内部,将实质分成许多不完整的小叶——胸腺小叶。每个小叶都由外围着色较深的皮质部和中央着色较淡的髓质部组成,相邻小叶的髓质往往是相连续的。

(2)皮质。由上皮性网状细胞和大量的淋巴细胞组成,皮质淋巴细胞密集排列,将上皮性网状细胞覆盖,因而颜色较深。

(3)髓质。也由上皮性网状细胞和淋巴细胞组成,但淋巴细胞较稀疏,上皮性网状细胞比较容易辨认。髓质部分布有圆形或卵圆形的胸腺小体,由几层扁平的上皮性网状细胞呈同心圆状排列而成,其外层细胞有明显的胞核,向内的各层细胞嗜酸性逐渐增强,细胞核渐不明显,直至消失,呈现玻璃样变性,也可能角化或钙化。在皮质和髓质交界处,可见到立方形上皮围成的毛细血管后微静脉,它是胸腺产生的淋巴细胞进入血液的门户。在皮质或皮质与髓质的交界处,还可见到较多的巨噬细胞,在巨噬细胞的细胞质中,有时能发现吞入的淋巴细胞的残迹。

(二)

实验材料:狗淋巴结

染色方法:HE 染色

低倍镜观察:肉眼观察淋巴结切片,整个外形呈豆形,一侧凹陷处为门部,其表面为薄层红色的被膜,被膜下浅层为蓝紫色的皮质,中央较淡色区域为髓质。低倍镜观察,淋巴结被膜为薄层致密结缔组织,它伸入实质形成小梁,构成淋巴结的结缔组织性支架,在支架之间分布着由网状组织和淋巴细胞构成的淋巴组织。

(1)皮质。位于淋巴结的外周部分,可区分为淋巴小结、副皮质区、皮质淋巴窦三个部分。

▶淋巴小结是由密集的淋巴组织组成的圆形结构,中央常见有淡染的区域,称生发中心,其中的细胞显示有分裂相。生发中心又可区分为暗区和明区两部分。暗区一般在近髓质一侧,主要由较幼稚的淋巴细胞组成,细胞质嗜碱性较强。明区在淋巴小结中央,主要为渐趋成熟的中小淋巴细胞。成熟的小淋巴细胞向被膜方向推移,在淋巴小结的表面的一侧形成了一个帽形结构,称帽区,它的位置往往对着被膜下或小梁旁的淋巴窦。淋巴小结是 B 淋巴细胞居留和分裂分化的区域。

▶副皮质区是分布在淋巴小结、淋巴窦和髓质之间的弥散性淋巴组织,是 T 淋巴细胞居留和分裂分化的区域。其中分布有许多毛细血管后微静脉,它是淋巴细胞再循环时血液中淋巴细胞重返淋巴结的通道。

▶皮质淋巴窦分布在被膜下方,小梁与淋巴小结之间,为彼此沟通的形状不规则的腔隙。腔隙中有许多网状细胞分布,还可见到少量淋巴细胞、巨噬细胞。淋巴窦的窦壁细胞是扁平的内皮细胞。

(2)髓质。髓质由髓索和髓窦组成。

▶髓索是索状的淋巴组织,彼此吻合成网,与副皮质区相连续,髓索中分布有 B 淋巴细胞和浆细胞。

▶髓窦穿行于髓索与小梁之间,接受来自皮质淋巴窦的淋巴,并将其汇入输出淋巴管。

高倍镜观察:重点观察髓窦的结构。窦壁由扁平的内皮细胞围成,窦内有大量有突起的星形网状细胞、游走的淋巴细胞、浆细胞和巨噬细胞。网状细胞的突起互相交织成网,细胞核呈卵圆形,染色较淡;浆细胞呈圆形或卵圆形,细胞核呈圆形,大多偏位,染色质呈车轮状排列;巨噬细胞呈圆形或多边形,细胞质呈弱嗜酸性。

(三)

实验材料:猪的淋巴结

染色方法:HE 染色

低倍镜观察:猪淋巴结的组织结构与一般家畜不同,主要表现在以下三点。

(1)皮质和髓质的位置恰好相反。淋巴小结和副皮质区分布在淋巴结的中央区域,而相当于髓质的成分则分布在外周,称周围区。这在幼年猪表现得明显,在成年猪中,淋巴小结在外周部分也有很多出现,造成了皮质、髓质混合分布的形态。

(2)周围组织不像典型的髓质结构,没有明显的髓索和髓窦结构,其中分布的网状细胞的突起短而粗,淋巴细胞的数量较少,另外也有一些巨噬细胞、浆细胞和白细胞以及较多的小血管。

(3)输入淋巴管从一凹陷处进入中央区,形成淋巴窦,穿行周围组织,在被膜下淋巴窦汇集成多条输出淋巴管,分别在多处穿过被膜离开淋巴结。

(四)

实验材料:猪脾脏

染色方法:HE 染色

低倍镜观察:脾脏由被膜、白髓、边缘区和红髓组成。

(1)被膜和小梁。脾的被膜较厚,表面有间皮被覆,内有丰富的平滑肌纤维和弹性纤维,纤维交织成网。被膜向脾的实质——脾髓发出许多富含平滑肌的小梁,形成淋巴组织的支架。

(2)脾实质。分布在被膜内、小梁支架间的淋巴组织,可区分为白髓、红髓及二者之间的边缘区三部分。

▶白髓为沿着血管分布的含有密集淋巴细胞的淋巴组织,它可区分为动脉周围淋巴鞘和淋巴小结两部分。白髓中贯穿有 1～2 条中央动脉,周围有两层扁平的网状细胞环绕,处于白髓中的淋巴小结也称为脾小体。

▶边缘区是在白髓周围扁平网状细胞外面的淋巴组织,较疏松,其中含有红细胞,但无脾窦,中央动脉的分支直接开口于此处。

▶红髓由脾索和脾窦组成。脾索为吻合成网状的淋巴组织索,主要由大量的 B 淋巴细胞组成。脾窦是分布在髓索之间的血窦。在一般切片上,因为血液被排除而闭合,故不易发现。在红髓里还可看到分散的平滑肌细胞和一团团由网状组织组成的鞘动脉——椭球,一般为圆形或卵圆形,呈粉红色(注意与深红色的小梁横断面区分)。后者在猪的脾脏中特别明显。

高倍镜观察:重点观察脾索和脾窦的结构。

脾窦:窦壁衬的是长杆状的内皮细胞,称里细胞。它们沿着脾窦的长轴纵向排列,细胞之间留有缝隙,在扩张时可容许血细胞通过,在一般切片上,因为血液被排除而闭合,故不易发现。在特殊处理的切片上,可以看到开张的脾窦,这里可看到里细胞的横断面或纵切面,沿着脾窦边沿排列。

脾索:脾索中除含有网状细胞和大量 B 淋巴细胞之外,还有许多巨噬细胞、浆细胞和各种血细胞。其中浆细胞结构很典型,与淋巴结髓窦中的浆细胞相似。

(五)

实验材料:鸡腔上囊

染色方法:HE 染色

低倍镜观察:腔上囊结构以低倍镜观察为主。

腔上囊由黏膜、黏膜下层、肌层和外膜构成。

整个黏膜形成 12～14 条纵行皱褶。黏膜上皮一般为假复层柱状上皮。固有层由较疏松的结缔组织构成,其中含大量的淋巴小结,它们排列紧密,呈多面形。这种淋巴小结比较特殊,由深色的皮质和淡色的髓质组成,称之为史丹纽氏滤泡,皮质和髓质中的细胞成分与胸腺相似。在皮质和髓质交界处有一层未分化的上皮细胞,在滤泡靠近黏膜上皮的地方,髓质穿过皮质与略微凹陷的黏膜上皮毗连,此处的假复层上皮基底细胞与皮、髓质之间的未分化细胞相连续。因此,整个黏膜上皮分成滤泡上皮和滤泡间上皮两部分。

黏膜下层由疏松结缔组织组成,参与形成黏膜皱褶,构成皱褶中央的小梁。

肌层由两层平滑肌组成,内层纵行,外层环行,有时两层均为斜形。

外膜为浆膜。

(六)

实验材料:鸡胸腺

染色方法:HE 染色

低倍镜观察:鸡胸腺大体由被膜、皮质和髓质组成。

被膜是位于胸腺表面的薄层结缔组织。被膜结缔组织伸入内部,将实质分成许多不完整的小叶——胸腺小叶。每个小叶都由外围着色较深的皮质部和中央着色较淡的髓质部组成。

皮质和髓质的结构与家畜很像,但像家畜那样典型的胸腺小体在鸡胸腺中不常见。除此之外,髓质中还可见有肌样细胞和浆细胞,肌样细胞呈圆形或卵圆形,胞质为强嗜伊红性。

(七)

实验材料:鸡脾脏

染色方法:HE 染色

低倍镜观察:鸡脾脏外也被覆有一层结缔组织被膜,但被膜深入实质内形成的小梁不如家畜的发达。脾髓也可分为白髓和红髓两个部分,但二者的分界不如家畜的明显。与家畜的脾脏相比,淋巴组织环绕血管的范围更为广泛。淋巴组织不仅环绕在中央动脉周围,而且部分围绕在笔毛动脉周围,甚至在椭球的外面也可见有弥散性淋巴组织。

(八)

实验材料:鲤鱼头肾

染色方法:HE 染色

低倍镜观察:鲤鱼头肾的表面覆盖有一薄层结缔组织被膜。实质可分为中央区和外周区。中央区的淋巴组织排列成索状,环绕血管呈放射状分布,细胞索之间由血窦隔开;外周区则以淋巴组织排列密集的弥散性淋巴组织为特征,其中主要细胞成分有各种大小的淋巴细胞、嗜派诺宁细胞、血细胞、巨噬细胞和未明了的颗粒细胞。在头肾实质中尚可见黑色素巨噬细胞中心、前肾间组织以及大小不等的甲状腺滤泡。

(九)

实验材料:鲤鱼胸腺

染色方法:HE 染色

低倍镜观察:胸腺的表面覆盖有一薄层结缔组织被膜,被膜深入实质内,形成不很明显的小叶和小梁。实质可分为皮质和髓质两个部分。有的区域中,皮质在外,髓质在内,有的区域皮质仅部分地包围着髓质,有的区域还可见髓质包绕皮质。皮质主要由密集排列的淋巴细胞组成,上皮网状细胞构成的支架不易观察到,此外还可见到黏液细胞、嗜酸性类肌细胞和巨噬细胞。髓质中上皮性网状细胞数量较多,淋巴细胞较少。髓质中除了较多的黏液细胞和巨噬细胞外,还可见到许多嗜酸性胸腺小体。

高倍镜观察:嗜酸性类肌细胞胞质内存在大量的肌原纤维,肌原纤维由粗肌丝和细肌丝组成,具有典型的周期性横纹结构。肌浆网膜系统穿行于肌原纤维束之间,常与 Z 线相对。黏液细胞呈圆形,胞质内充满电子致密度很低的黏原颗粒,细胞核很小,呈扁平形,与少量的胞质被挤于细胞的一侧。

四、示范样本

1. **牛的血淋巴结**　血淋巴结的结构与淋巴结和脾脏都有相似之处,由于分布在血液循环通路上,所以血淋巴结的结构更接近脾脏。血淋巴结实质中淋巴组织排列成索状,有的区域组成淋巴小结,淋巴组织之间有大量血窦。

2. **兔脾**　与猪脾相比,兔的脾窦较为宽大。

3. **淋巴结(网状纤维染色)**　网状纤维呈黑色,除了淋巴小结外,其他部位均分布有较多的网状纤维,淋巴细胞和其他细胞均染成粉红色。

五、电镜照片

1. **血胸屏障**　主要由毛细血管内皮及内皮基膜、巨噬细胞、上皮性网状细胞及其基膜组成。

2. **脾窦**　窦壁由杆状内皮组成,其中红细胞正在穿过窦壁。

3. **巨噬细胞**　胞质内主要有较多的溶酶体,还有一些线粒体、高尔基复合体和吞饮小泡。

4. **淋巴细胞**　胞质中有大量游离核糖体和少量嗜天青颗粒。

5. **浆细胞**　胞质中充满密集排列的粗面内质网和大量游离的核糖体。

六、思考题

(1)作为中枢淋巴器官,胸腺与脾脏和淋巴结在组织结构上有何不同?

(2)脾脏和淋巴结都是外周淋巴器官,其组织结构有何特点及不同?

南京农业大学动物医学院   杨   倩

第十章　内分泌系统
Endocrine System

一、内容简介

内分泌系统是由内分泌腺和分布于其他器官的内分泌细胞组成。内分泌腺由腺细胞和少量间质所构成,含有丰富的血管,无导管,分泌物直接释放入血中。产生类固醇激素的细胞常含有脂滴,产生肽类或蛋白质激素的细胞含有分泌颗粒。内分泌腺和内分泌细胞包括甲状腺、甲状旁腺、肾上腺、垂体、松果体、性腺、胰岛以及散在于消化道、呼吸道的属于 APUD(能摄取胺的前身并使之脱羧基转变为胺类物质的细胞)系统的细胞。

甲状腺外表面有致密结缔组织构成的被膜,被膜的结缔组织伸入腺体内,将腺体分成大小不等的不完全的小叶,每个小叶内有 20~40 个滤泡。滤泡可因功能状态不同而有形态差异。在功能活跃时,滤泡上皮细胞增高呈低柱状,腔内胶状物质减少;反之,细胞变矮呈扁平状,腔内胶状物质增多。滤泡上皮细胞合成和分泌甲状腺激素,这种激素能促进机体内的新陈代谢,提高神经兴奋性,促进生长发育。

肾上腺由皮质和髓质构成,在发生上和功能上,两部分均不相同。皮质来源于胚胎的体腔上皮,而髓质来源于神经嵴。皮质占肾上腺的 80%~90%,其结构可分为三个区(带),即多形区(带)、束状区(带)和网状区(带)。多形区细胞分泌盐皮质激素,束状区细胞分泌糖皮质激素,网状区细胞主要分泌雄激素、少量雌激素和糖皮质激素。髓质细胞分为两种,一种为肾上腺素细胞,分泌肾上腺素,另一种髓质细胞则分泌去甲肾上腺素。

脑垂体由腺垂体和神经垂体两部分组成。神经垂体分为神经部和漏斗部两部分,腺垂体分远侧部、中间部和结节部三部分。垂体远侧部的细胞可分为嗜酸性细胞、嗜碱性细胞和嫌色细胞。嗜酸性细胞又因分泌激素的不同可再分为生长激素细胞和催乳激素细胞两种。嗜碱性细胞也可分为促甲状腺激素细胞、促肾上腺皮质激素细胞和促性腺激素细胞三种。

鱼的内分泌腺由脑垂体、尾垂体和后肾间组织组成。

二、实验目的和要求

(1)掌握肾上腺、脑垂体的组织结构。

(2)了解甲状腺的组织结构。

(3)掌握鱼脑垂体和尾垂体的组织学特点。(淡水养殖专业)

三、观察方法及观察要点

(一)

实验材料:牛垂体

染色方法:HE 染色

低倍镜观察:先肉眼观察,可见标本中着色深的部分是垂体前叶,着色浅的部分是垂体后叶,两者之间是中间部,有些标本可见一突出部分为垂体柄。垂体前叶(远侧部)可见有密集的细胞团或索,其间夹有丰富的血窦及少量结缔组织。后叶(神经部)染色最浅,可见很多纤维和细胞核。中间部位于前、后叶之间,它们之间的腔隙为垂体裂。

高倍镜观察:在高倍镜下进一步观察垂体前叶的结构,嗜酸性细胞体积较大,细胞呈圆形或卵圆形,细胞界限清楚,胞浆有嗜酸性颗粒,着色为红色,细胞核位于细胞的中央。其中包括分泌生长激素和催乳激素的两种细胞。嗜碱性细胞在细胞形态上与嗜酸性细胞差不多,染色呈灰蓝色或紫蓝色。嗜碱性细胞数量少,胞体比嗜酸性细胞稍大,核常偏于细胞的一侧,胞质染成蓝紫色。嫌色细胞数量多,细胞体积最小,呈圆形或多边形,胞质内不含明显的颗粒,着色很淡,胞核多形态,淡染。

(二)

实验材料:牛甲状腺

染色方法:HE染色

低倍镜观察:甲状腺外面有一层薄的致密结缔组织被膜,内含许多胶原纤维和弹性纤维。结缔组织伸入腺体内,将其分成许多腺小叶。牛甲状腺的被膜和小梁较厚,小叶的分界明显。血管、淋巴管和神经穿过被膜壁伸入甲状腺实质。实质由甲状腺滤泡和滤泡间细胞组成。滤泡围以基膜和稀疏的结缔组织以及丰富的毛细血管和毛细淋巴管。滤泡由单层立方上皮构成,内含胶状物质。当功能不活跃时,细胞呈低立方形或扁平状,滤泡内胶状物质多而浓稠;当功能活跃时,细胞变高,呈立方形或柱状,细胞核位于基部,滤泡内胶状物质较少。

(三)

实验材料:猪肾上腺

染色方法:HE染色

低倍镜观察:肉眼观察肾上腺横切面,可见周围染色较红,为皮质,中央染色较浅,为髓质。肾上腺的被膜由不规则的致密结缔组织构成,偶见少量平滑肌纤维。从被膜发出薄的小梁穿入皮质,但很少进入髓质。在被膜内常有类似皮质的细胞团块和毛细淋巴管。被膜下的皮质可分为多形区、束状区和网状区。网状区内方为浅黄色的髓质。

高倍镜观察:多形区位于被膜下方,不同种类的动物这个区域细胞排列不一样,牛和羊为球状区,猪和马为弓形区,细胞形态为多边形,核为圆形或椭圆形。束状区细胞排列成索状,位于皮质中部,占皮质的大部分。细胞索的细胞为多边形或立方形,细胞质含有许多脂肪小颗粒,制片时由于脂肪滴溶解成为许多空泡,尤以束状区的外侧为多,索与索之间有丰富的毛细血管,为血窦。网状区靠近髓质,细胞索交错成网状,网眼间有较大的窦状隙,网状区与髓质交界参差不齐,细胞质中脂肪滴含量较少。最后用高倍镜观察髓质部,它位于肾上腺中央,由较大的多边形细胞组成网索状,染色很淡,胞质含有嗜铬颗粒,索与索之间具有丰富的血窦。髓质中央有一粗大的中央静脉。

(四)

实验材料:鸡甲状腺

染色方法:HE染色

低倍镜观察:甲状腺表面覆盖薄层结缔组织被膜,在神经与血管出入处增厚。鸡的甲状腺不分叶,没有明显的小叶间结缔组织。滤泡间存在少量结缔组织、弥散性淋巴组织。甲状腺实质充满了由单层滤泡上皮细胞围成的大小不同的滤泡。滤泡上皮细胞的形态因甲状腺的功能状态不同而变化。当甲状腺功能活跃时,滤泡腔内的胶状物质减少,滤泡细胞为立方形;当甲状腺处于静止状态时,滤泡腔内充满胶状物质,滤泡细胞呈扁平形。

(五)

实验材料:鸡肾上腺

染色方法:HE 染色

低倍镜观察:肾上腺表面覆盖有结缔组织被膜,其中含有许多血管和神经。被膜的结缔组织伸入腺体内部形成细致支架,主要由胶原纤维和网状纤维组成,内含大量毛细血管或静脉窦。肾上腺的实质并不明显地分为皮质和髓质,而是由肾间组织(相当于皮质)和嗜铬组织(相当于髓质)交错混合分布。

高倍镜观察:肾间组织由嗜伊红性柱状细胞组成。细胞核呈球形,偏位于细胞远离静脉窦的一端,细胞质内含有许多颗粒和脂滴。肾间组织的细胞排列成索状,其纵断面由两列细胞组成,而横断面呈辐射状,没有明显的分区。嗜铬组织的细胞呈嗜碱性,多边形,体积较大,球形细胞核位于细胞的中央,细胞组成不规则的细胞团块,分布在肾间细胞索之间。

(六)

实验材料:大鲵垂体

染色方法:Azan 染色

低倍镜观察:腺垂体的结构与哺乳动物相似,神经叶分化出神经部。大鲵垂体的神经叶处于初步分化的原始状态,神经垂体向尾侧稍有扩展,位于吻部背侧,神经叶仅为后壁向尾部的微小扩展。结节部在腺垂体吻侧下方,仅占极小的区域。中间部位于远侧部背面、神经垂体的尾侧。在 Azan 切片上,垂体细胞的胞质着色很浅或不着色,胞核呈红色或棕红色,圆形或椭圆形。

(七)

实验材料:真骨鱼脑垂体

染色方法:HE 染色

高倍镜观察:鱼类垂体也分为神经垂体和腺垂体两大部分。但在板鳃类的垂体还有腹叶,它通过小柄与腺垂体腹部相连。前腺垂体主要含有催乳激素细胞和促肾上腺皮质激素细胞。真骨鱼前腺垂体均呈嗜酸性,细胞排列较多样化,有滤泡状、索状、围绕毛细血管成管状和紧密排列成铺路石状。中腺垂体主要含有促甲状腺激素细胞、生长激素细胞、促性腺激素细胞和嫌色细胞。板鳃类的中腺垂体的细胞排列成羽状,其中许多毛细血管分布,嗜碱性细胞则分布在嗜酸性细胞和垂体腔之间,嫌色细胞夹于两种细胞之间。后腺垂体含有一些黑素细胞刺激素细胞。细胞排列紧密,由结缔组织将腺细胞分隔成许多小叶。细胞一般呈多角形,紧密排列成团,其中混有少量嫌色细胞。

(八)

实验材料:鲤鱼尾垂体

染色方法:HE 染色

高倍镜观察:鲤鱼尾垂体位于脊柱最后一节腹面,与脑垂体神经部相似,但除含来自脊髓的神经细胞的突起、神经胶质细胞外,还含有神经细胞。神经细胞大小不等,包括多角形的神经分泌细胞和巨大的神经分泌细胞。神经胶质细胞很小,在尾垂体各处分布。尾垂体中毛细血管分布较多。

（九）

实验材料：鲤鱼后肾间组织

染色方法：HE染色

低倍镜观察：鲤鱼后肾间组织即肾上腺，又称斯坦尼斯小球，位于中肾背侧，外被结缔组织构成的被膜，结缔组织伸入内部将腺组织分成小叶，并最终将其围成泡囊。泡囊细胞呈锥形，核大，细胞质中含分泌颗粒，颗粒排出后细胞质中出现空泡，有些泡囊中还有泡心细胞。随季节或机能不同，泡囊可呈现不同形态。生长时期泡囊小，泡囊间结缔组织厚，分泌时期细胞大而饱满，萎缩时期呈虫蛀蚀状。

四、思考题

（1）联系甲状腺的结构，说明甲状腺激素的形成过程。

（2）肾上腺皮质和髓质的结构怎样？分泌什么激素？功能如何？

（3）垂体可分为几部分？远侧部和神经部的组织结构及功能如何？

湖南农业大学　王水莲
南京农业大学动物医学院　黄国庆（淡水鱼部分）

第十一章　被皮系统
Skin System

一、内容简介

被皮系统包括皮肤和皮肤衍生物,它覆盖于动物体表,在眼睑、口唇、肛门及尿道、阴道等外口的周缘处移行到体内各有关器官的表面,移行处为皮肤黏膜连接。皮肤借皮下组织与深部相连。皮下组织或为疏松结缔组织,或为脂肪组织,或是体表的浅筋膜,与深筋膜、腱膜或骨膜结合起来。皮肤附有毛发、指(趾)甲、皮脂腺、汗腺等结构,是从真皮衍生来的附属器。毛发和指(趾)甲是表皮角质化的特殊形式,皮脂腺和汗腺是分布在真皮内的腺体,皮肤内分布着脉管和神经。

表皮是外胚层分化来的角化的复层鳞状上皮。表皮主要由角质形成细胞组成,另外还有黑色素细胞、郎格罕细胞和麦克尔细胞等非角质形成细胞参与。表皮由深入浅依次为基底层、棘层、颗粒层、透明层和角质层。基底层是表皮中分裂增生能力最强的一层细胞,故又名生发层,细胞呈矮柱状或立方形,它的深面位于基膜上,而其长轴与基膜相垂直。棘层约有数层,也有分裂增生能力,都位于深层。这层深部细胞呈多角形,愈向浅层愈成扁平。细胞核为球状或卵圆形,位于细胞的中央,有明显的核仁。颗粒层由2～4层梭形细胞组成,细胞长轴平行于皮肤表面。此层明显的特点是胞核渐趋退化消失,胞质内出现透明角质颗粒,颗粒多时几乎布满整个细胞体,用苏木精染成深蓝色,因而得名。透明层仅在脚掌底的表皮中清晰显现,嗜染伊红。角质层由许多扁平的角质细胞叠积而成,浅层细胞已成易于剥脱的角质鳞片。细胞内没有胞核和细胞器。

真皮由结缔组织组成,含有毛发、毛囊、皮脂腺和汗腺等结构。真皮中胶原纤维粗大,交织成网,并有许多弹性纤维存在,细胞成分少。真皮可分为浅层的乳头层和深层的网状层。乳头层结缔组织向表皮突起形成乳头,扩大表皮和真皮的接触面,有利于二者的密切结合和表皮的代谢和营养。乳头层中富有毛细血管和感受器。网状层中弹性纤维较丰富,还有血管、淋巴管、神经束、神经末梢、感受器以及毛囊、腺体等,此外还可见有少量平滑肌,收缩时使毛竖立。

二、实验目的和要求

(1)了解皮肤的结构。
(2)掌握皮肤衍生物的结构。

三、观察方法及观察要点

(一)

实验材料:成年猪皮肤
染色方法:HE 染色
低倍镜观察:皮肤分为表皮、真皮和皮下组织三层结构。

（1）表皮。是皮肤最表面的很薄的一层，在切片上是一层较深的复层扁平上皮，覆盖在整个皮肤的表面，表皮与真皮的连接呈犬牙状。表皮的表面染色浅，细胞形态不清，经常脱落；表皮深层细胞染色深，细胞分裂能力强，能补充表面脱落的细胞。表皮由内向外依次分为基底层、棘层、颗粒层、透明层和角质层。

基底层又名生发层，位于皮肤的最深层，由多层细胞构成。细胞呈矮柱状或立方形，最深的一层细胞呈低柱状，向上细胞变成多面形，胞核由深部的圆形或卵圆形向上逐渐变为扁平形。胞质较少，为嗜碱性染色。

棘层位于基底层的外层，由 2～4 层多边形细胞组成，也有分裂增生的能力。细胞核为球状或卵圆形，位于细胞中央，有明显的核仁。

颗粒层位于棘层的表层，表皮薄的地方这层较薄或不连续。由 2～4 层梭形细胞构成，细胞长轴平行于皮肤表面，胞核深染、固缩，胞质内出现透明角质颗粒，颗粒多时几乎布满整个细胞体，苏木精染色为深蓝色，颗粒层因此得名。

透明层在光镜下均质无结构，呈嗜酸性，切片下呈波形带状弯曲，有强的反光力，故称透明层，实际上是由几层扁平无核的细胞组成。

角质层位于表皮的浅层，由多层扁平的角质细胞叠积而成，胞核消失，胞质内有很多 6～8 nm 的微丝浸没在致密的无定形基质中。质膜变形，已失去单位膜的特点。

（2）真皮层。由含有胶原纤维为主的纤维结缔组织构成。上层为乳头层，染色浅红，内有毛及毛囊、皮脂腺、汗腺和竖毛肌等，下层由较粗的结缔组织交叉排列构成，称为网状层，染色较红。

（3）皮下组织。位于皮肤最深层，由疏松结缔组织构成，内含大量的脂肪细胞，在皮下组织和真皮深层内可见到成群的腺管断面，即汗腺断面。

（二）

实验材料：成年牛皮肤附属物

染色方法：HE 染色

低倍镜观察：

（1）毛及毛囊。在皮肤切片内可见不同切面的毛根或毛囊，毛囊斜插入真皮内，有时几个毛囊在同一个上皮凹陷处，或几根毛干同时伸出毛囊外。毛囊是表皮的延续部分，毛根底部染色较深稍膨大的部分为毛球，毛球末端有毛乳头。有些毛囊中出现空腔，这是毛根脱落的缘故。毛位于中央，染成黄色或紫红色，毛囊包在毛的外面，染色较深。在毛囊和表皮成钝角的一侧，可见有平滑肌，连于毛囊和表皮之间，为竖毛肌。竖毛肌呈片状或束状，染成红色，位于毛根的倾斜侧，终止于真皮上部。

（2）汗腺。位于真皮和皮下组织内，为单管状腺，导管与毛囊平行上行，开口于毛囊内，汗腺末端盘曲成团，分泌腔明显，腺细胞为低柱状。

（3）皮脂腺。位于毛旁，由许多脂腺细胞构成，单泡或分叶状，常介于竖毛肌和毛囊之间，以短导管开口于毛囊内，少数地方无毛，导管直接开口于皮肤表面。腺体细胞呈圆形或多角形，腺体中无分泌腔，染色较浅，分泌物为皮脂。由于制片原因皮脂溶解而出现小空泡。分泌后细胞死亡，周围的新细胞不断补充。

（4）乳腺。静止期乳腺被致密的结缔组织分为若干小叶，小叶内主要为小导管和极少量的腺末房，小叶之间有较大的导管和脂肪组织。活动期的乳腺中，分隔小叶的结缔组织很少，小叶内以腺末房为主,腺末房均处于分泌状态,故腺腔内有大量红染的乳汁,小叶间可见有较大的导管。

高倍镜观察:

(1)毛及毛囊。毛的中轴称为髓质,由一至数行疏松排列的扁平或立方角质化细胞构成。髓质的周围是皮质,由数层多边形或梭形角质化细胞构成。细胞顺着毛的长轴紧密排列。毛的最外层毛小皮,由一层扁平的角质化细胞构成。细胞排列成覆瓦状,其游离缘向上,呈锯齿状。毛囊分为根鞘和玻璃膜。根鞘由表皮转化而来,分为内根鞘和外根鞘,前者相当于表皮的角化层,后者相当于表皮有分裂活动能力的基层和棘层。玻璃膜均质透明,嗜酸性,相当于表皮下的基膜,但比后者明显。

(2)汗腺。分为分泌部和导管部。分泌部呈管状,导管不分支,分泌部直接延续为导管,分泌部和一段导管盘曲成团,位于真皮与皮下组织的接界处或下 1/3 的真皮中。导管上升穿过真皮和表皮开口于体表。分泌部主要由单层立方或柱状上皮围成。导管上皮与分泌上皮分界明显。导管分为两段,真皮内的一段蜿蜒上行,由两层上皮细胞衬成。细胞小,呈立方形,嗜碱性,染色深。

(3)皮脂腺。皮脂腺导管由复层鳞状上皮组成,一般过渡到毛囊壁上。分泌部由复层腺上皮围成,近导管处才有腺腔。腺上皮的基层细胞立方形,强嗜碱性,一般不含有脂滴,核圆,相当于表皮的生发层细胞,越向浅层细胞越趋于皮脂性分化。最后胞核消失,细胞界限不清,细胞全部变成脂肪。

(4)乳腺。静止期乳腺中,腺末房极少,常无腺泡腔,腺细胞排列成团状或索状。小导管的管壁由单层至复层上皮,小叶间的导管均由复层上皮被覆。小叶内及小叶间的结缔组织中可见较多的小血管。活动期乳腺中,重点要观察腺末房。腺末房由单层柱状上皮细胞组成,其特点是细胞的高矮因处于不同的分泌状态而不一致,细胞表面(靠腺腔的一面)不平整,因它的分泌方式为顶浆分泌,即细胞顶部脱落成为分泌物。

四、思考题

(1)表皮不断角质化脱落,为什么能得到补充?

(2)日常所用的皮革是由皮肤的哪一层鞣制而成? 为什么?

湖南农业大学　　王水莲

第十二章 消 化 管
Digestive Tract

一、内容简介

消化管是食物通过的管道,起于口腔,经咽、食管、胃、小肠、大肠,止于肛门。

消化管各段因执行的机能不同,在结构上各有其特点,但大体相似,除口腔外一般均可分为四层,从内向外依次为黏膜、黏膜下层、肌层和外膜。

黏膜(mucous membrane)被覆于消化管的内面,是完成消化与吸收机能的重要结构。黏膜能分泌黏液,黏液有保护黏膜和便于食物运输的作用。黏膜又可分为三层,即上皮、固有层和黏膜肌层。

上皮:在消化管的最内层,它的形态结构与机能相一致。在易受摩擦的地方,如口腔、咽、食管和肛门部,上皮为复层扁平上皮,以适应咀嚼和运送食物等机械作用;胃和肠的上皮,为单层柱状上皮,具有分泌、消化和吸收的机能。

固有层(lamina propria mucosae):位于上皮的下面,由结缔组织构成,其内含有腺体、血管、神经和淋巴组织。此层有支持、连接和营养的作用。

黏膜肌层(lamina muscularis mucosae):由一薄层平滑肌束所构成,位于固有层的深层。这层肌肉收缩时,可使黏膜产生局部运动,借以帮助营养物质的吸收、血液的流动和腺体的分泌。

黏膜下层(submucosa)介于黏膜和肌层之间,由疏松结缔组织构成,含有较大的血管、淋巴管和神经。此部结构比较疏松,有联系黏膜和肌层的作用。

肌层(lamina muscularis)为消化管舒缩运动的组织,在食管上段及肛门部为骨骼肌,其余部分为平滑肌,一般分为内环行和外纵行两层(胃壁为三层),两层之间有少量结缔组织和肌间神经丛。

外膜(tunica adventitia)覆盖在肌层的外面,为消化管的最外层,大多数为浆膜,即腹膜脏层。由薄层结缔组织(内含血管、淋巴管和神经)及表面的单层扁平上皮(间皮)构成。在食管及直肠下段则仅由结缔组织构成,称纤维膜。

食管(esophagus)为食物通过的管道。其腔面由黏膜和黏膜下层共同突出形成若干条纵行皱襞,当食物通过时,皱襞消失。食管的黏膜下层含有食管腺。

胃的主要结构特点是在胃底部的固有层中含有大量的胃底腺。胃底腺的细胞主要由主细胞、盐酸细胞、颈黏液细胞、内分泌细胞和未分化细胞组成。

小肠(intestine)是消化和吸收的主要场所,可分为十二指肠、空肠和回肠三段。十二指肠的特征是黏膜下层分布有十二指肠腺,回肠的结构特点是黏膜下层分布有大量的淋巴小结(集合淋巴小结)。

大肠(large intestine)包括盲肠、结肠和直肠。大肠的结构特点是肠腺特别发达,杯状细胞很多。

鸡消化系统的特点是食管在入胸腔之前腹外侧形成一膨大的嗉囊作为贮存食物的器官,

鸭、鹅没有真正的嗉囊，只是在食管颈段形成一个纺锤形的膨大部。此外，禽类的胃分腺胃和肌胃两部分。腺胃(glandular stomach)又称前胃，体积不大，呈纺锤形。腺胃的壁很厚，具四层结构，其特点是黏膜内含有大量的腺体。肌胃(muscular stomach)呈略侧扁的圆形或椭圆形，质地坚实。肌胃内腔中常含有吞食的沙砾，故又称砂囊(gizzard)。肌胃壁也分四层，其明显的特征是，有坚硬的类角质膜衬里和强大而厚的肌层。

真骨鱼类的肠一般分成前肠、中肠和后肠三段，各段之间没有明显的分界线。有些鱼类在胃和肠交界处具有幽门垂(幽门盲囊)。有些鱼类(例如鲤科)没有胃，由肠直接与食管相连，连接处的肠管略微扩大成肠球。肠的长度与鱼的食性有关，肉食性较短，植食性较长。真骨鱼类肠各段的组织结构相似，一般可分为黏膜、肌层和浆膜三层。有些鱼类能够明显地区分出黏膜下层。

二、实验目的和要求

(1)掌握家畜主要消化器官胃和小肠的结构特点。

(2)在高倍镜下分辨出胃底腺、主细胞、壁细胞、颈黏液细胞和银亲合细胞。

(3)掌握家禽消化管的结构特点。

(4)掌握鱼小肠的组织学特点。(淡水养殖专业)

三、观察方法及观察要点

(一)

实验材料：成年猪食管

染色方法：HE 染色

低倍镜观察：肉眼观察，食管的管腔呈不规则的狭缝，腔面为紫蓝色的上皮，上皮以下浅红色的部分为黏膜下层，再下面为染色较红的肌层，外膜位于肌层外。

(1)黏膜层。复层鳞状上皮表面细胞有时脱落，上皮中有染色浅淡的圆形或不规则形的管状结构，是食管腺的横切所成。固有层为疏松结缔组织，有血管和导管，应注意区别。黏膜肌层为纵行平滑肌，很发达，随皱襞而起伏。

(2)黏膜下层。分布有血管、导管和食管腺泡。

(3)肌层。包括内环行与外纵行，注意为何种类型肌肉所组成，并据此判断属于食管的哪一段。

(4)外膜。为厚薄不一的结缔组织所组成，有的地方较厚，可以看到有神经、血管及脂肪细胞等。

(二)

实验材料：成年猪胃

染色方法：HE 染色

低倍镜观察：肉眼观察，染紫色部分为黏膜层，红色部分为其他三层。黏膜层又可区分为上皮、固有层和黏膜肌层。胃上皮为单层柱状，胞核位于细胞近基底端，细胞游离端透明区似为黏原颗粒，在制片过程中未能予以保留。胃上皮下陷处为胃小凹。胃底腺(fundus gland)为单管状腺，几乎占满整个固有层，它们均开口于胃小凹，因切面关系不一定看到胃小凹的开口。胃底腺的体部和底部主要由锥形或低柱形的主细胞或胃酶细胞(chief cell or zymogenic cell)构成。主细胞的胞质呈蓝色,核位于细胞基底部分。分布于胃底腺的体部和颈部的一些体积较大,圆形或多角形的细胞,胞质内充满红染颗粒,是壁细胞(parietal cell)。在胃底腺颈部的壁细胞之间还可见到分泌黏液的颈黏液细胞(mucous neck cell),此细胞边界不清,胞质染色淡,核染色深,扁平或三角形,位于细胞基底部。黏膜肌层为内环、外纵排列的平滑肌。

黏膜下层由疏松结缔组织构成,内有小动脉、小静脉及毛细血管。肌层较厚,可分三层,内斜行较不明显,在中环行与外纵行平滑肌之间可见到欧氏(Auerbach)肌间神经丛。此神经丛呈不规则淡染区,内含较大的神经细胞及一些神经纤维。浆膜由间皮及其下的疏松结缔组织构成。

(三)

实验材料:成年猪胃幽门部(pars pylorica)

染色方法:HE 染色

低倍镜观察:肉眼观察,可见最内面紫蓝色的为黏膜层,黏膜形成皱褶,深部为黏膜下层与肌层,外膜不明显。低倍镜下可见胃小凹较深,固有层中有黏液性幽门腺,肌层因切面缘故,与胃底切片肌层排列相反。

(四)

实验材料:猪胃底腺

染色方法:硝酸银染色

低倍镜观察:低倍镜下结构不清,转入高倍镜观察。

高倍镜观察:在胃底腺黏液细胞之间夹有内分泌细胞。内分泌细胞内均含有嗜银性颗粒,颗粒一般位于基底。位于上方的内分泌细胞属开放型细胞,其游离面可伸达管腔。位于下方的内分泌细胞属闭合型细胞,其游离面不伸达管腔。

(五)

实验材料:猪十二指肠(intestinum duodenum)

染色方法:HE 染色

低倍镜观察:肉眼观察,可见黏膜层和黏膜下层向管腔突出形成皱襞,黏膜表面有许多不规则的细小指状突起,形成小肠绒毛(villus)。黏膜层染为紫蓝色。低倍镜下,移动切片,找一绒毛较完整的区域观察。

▶先找皱襞,皱襞表面密布的指状突起为绒毛。绒毛是由黏膜层向腔面突起形成的,形状很不规则,有横断、纵断不等,绒毛由上皮和固有层所组成。上皮单层柱状,其间夹有空泡状的杯状细胞。上皮细胞游离面可见有细微纹形染成红色发亮的一层,此即纹状缘。由于切面不正,有的上皮往往似复层形状。在绒毛中心,可找到中央乳糜管,管壁由单层扁平细胞组成,常纵行于绒毛中央,其周围有毛细血管分布。固有层中尚有分散的平滑肌细胞,其长轴与绒毛一致。绒毛和绒毛间有肠腺开口。肠腺位于固有层中,有纵、斜、横各种断面,注意区别肠腺和绒毛在断面上的区别。黏膜肌层很薄。

▶黏膜下层主要由疏松结缔组织构成,内有十二指肠腺。肌层包括内环行、外纵行的平滑肌,注意寻找肌间神经丛,在内环外纵行平滑肌之间。外膜为浆膜。

(六)

实验材料:狗空肠(intestinum jejunum)

染色方法：HE 染色

低倍镜观察：

▶低倍镜下，可见黏膜表面向腔内也伸出许多小肠绒毛。肠腔内孤立的圆形结构为绒毛的横或斜断面。黏膜层及黏膜下层向腔内的突起为皱襞。空肠的上皮也为单层柱状上皮，沿上皮细胞游离缘有红色窄带状的纹状缘，用弱光观察可见纹状缘发亮。柱状上皮细胞之间夹有空泡状的杯状细胞，此细胞的核被挤成扁圆形，体积很小，染色深，位于基底部。固有层主要由结缔组织和小肠腺组成。在绒毛的固有层内有时可见中央乳糜管，其管腔大，不规则，被覆有内皮，沿中央乳糜管两侧有散在的平滑肌。固有层内有大量的小肠腺，多为横断面，有时可见到肠腺开口于绒毛之间。小肠腺主要由柱状细胞和杯状细胞构成。有时在固有层内可见孤立淋巴小结。

▶黏膜肌层为平滑肌，分内环、外纵两层。黏膜下层为结缔组织，内含有血管、黏膜下神经丛。如切到皱襞时可见黏膜下层突入皱襞内。肌层为内环、外纵两层平滑肌，肌层间可见肌间神经丛。外膜为浆膜。

（七）

实验材料：猪回肠（ileum）

染色方法：HE 染色

低倍镜观察：黏膜表面向腔内有杵状突起的小肠绒毛（villus）。与十二指肠相比，绒毛的数量减少。单层柱状上皮细胞之间的杯状细胞数量明显增多。在固有层中分布有染成深蓝色的集合淋巴小结。有时淋巴小结深入至黏膜下层。

高倍镜观察：在小肠上皮和淋巴小结之间，散在分布有较多的淋巴细胞和浆细胞。有些淋巴细胞已渗透到黏膜上皮之间（上皮内淋巴细胞）。

（八）

实验材料：狗结肠（colon）横断面

染色方法：HE 染色

低倍镜观察：结肠无绒毛，肠腺发达，上皮内杯状细胞甚多。固有层内有时可见孤立淋巴小结。肠壁其他结构与小肠相似，外层纵肌加厚处为结肠带。

（九）

实验材料：鸡嗉囊（ingluvies）

染色方法：HE 染色

低倍镜观察：鸡的嗉囊为一薄壁的囊状结构，囊壁的组织结构与食管相似。黏膜皱襞在大弯处特别高，其他部分较低。固有层内富含淋巴组织，没有黏液腺，仅在其与食管衔接处分布有少量囊状黏液腺。肌层分为内环肌和外纵肌，有时可见到肌纤维排列成三层。纤维膜常与周围其他组织相连接，甚至与附近的皮肌长合在一起。鸭、鹅的所谓黏膜固有层内，分布有黏液腺。

（十）

实验材料：鸡腺胃（glandular stomach）

染色方法：HE 染色

低倍镜观察：

▶腺胃黏膜表面分布有许多肉眼可见的圆形短宽的乳头，鸡的腺胃黏膜上有 30～40 个。

乳头的中央有深层复管状腺的开口,开口周围是同心排列的皱襞和沟。乳头之间的皱襞和沟分布不规则。鸭、鹅的腺胃乳头数量多,体积小,肉眼也可看到。

▶腺胃上皮为单层柱状上皮,胞质微嗜碱性,能分泌黏液。上皮与固有层共同形成黏膜皱襞。固有层内含淋巴组织和大量的腺体。腺体包括两种,即浅层的单管状腺和深层的复管状腺。浅层单管状腺是由黏膜上皮下陷于固有层内形成的,很短,衬以单层立方或单层柱状上皮,开口于黏膜皱襞之间的沟内,分泌黏液。深层复管状腺也称前胃腺,体积大,分布于黏膜肌层的浅、深两层之间。深层复管状腺,呈圆形或椭圆形的小叶,小叶中央为集合窦,腺小管呈辐射状排列于周围。腺上皮细胞的形状与它们所处的功能状态有关,可以从立方形到高柱状。一般认为,细胞内贮存有大量分泌颗粒时,细胞呈立方形,当颗粒排空时则变为柱状。胞核呈圆形或卵圆形,其位置也依分泌活动不同而变化。胞质嗜酸性。分泌物进入腺小管腔,经集合窦由导管开口于黏膜乳头中央孔。家禽腺胃的深层复管状腺相当于家畜的胃底腺,但腺细胞兼有分泌盐酸和胃蛋白酶的功能,而家畜则分别由壁细胞和主细胞分泌。

▶黏膜肌层由两层纵行的平滑肌构成,被深层复管状腺分隔成浅、深两层。浅层较薄,分布在浅层单管状腺下面;深层较厚,分布在深层复管状腺下方,并有肌束分布到深层复管状腺小叶之间。此外,黏膜下层不显著,有的部分缺如。肌层较薄,由稍厚的内环肌和非常薄的外纵肌组成。外膜为浆膜。

(十一)

实验材料:鸡肌胃(muscular stomach)

染色方法:HE 染色

低倍镜观察:

▶黏膜表面为一层厚而富有皱襞的类角质膜所覆盖。类角质膜(koilin)中药称鸡内金,由肌胃腺的分泌物、黏膜上皮分泌物和脱落上皮共同在酸性环境中黏合在一起硬化后而形成,新鲜时厚约 1 mm。类角质膜有保护黏膜的作用,它对蛋白酶、稀酸、稀碱和有机溶剂都有抗性。类角质膜表面不断磨损,而由深部新形成的类角质膜推向表层,并逐渐变得更加坚韧。

▶肌胃上皮为单层柱状上皮。上皮表面形成许多漏斗形的隐窝,隐窝底为肌胃腺的开口处。固有层由结缔组织构成,其中有肌胃腺。肌胃腺又称砂囊腺,为单管状腺。10～30 个单管状腺组成一簇,共同开口于隐窝的底部。肌胃腺上皮为单层低柱状,胞核球形,位于细胞基底部,胞质嗜碱性,其中含有许多细小的颗粒。腺腔狭小并充满液态分泌物。这些分泌物经隐窝流出,铺展于先前分泌的、而且已变硬的类角质膜下方的黏膜上皮表面。肌胃腔内的盐酸遍及类角质膜,使分泌物的 pH 值降低而硬化,从而形成新的类角质膜,以补充表面被磨损的部分。腺体底部的细胞有分裂能力,由它分裂的细胞逐渐推移变成隐窝上皮和黏膜上皮。肌胃没有黏膜肌层。

▶黏膜下层很薄,由较致密的结缔组织构成,其中含有较多的胶原纤维和一些弹性纤维以及血管和神经。有些肌胃腺的底部可延伸到黏膜下层内。

▶肌胃的肌层很发达,全部由环行平滑肌组成,呈暗红色。肌层由两块强大的侧肌和两块较薄的中间肌组成,连接四肌的腱组织,在肌胃两侧形成中央腱膜,称腱镜。背侧肌和腹侧肌的肌纤维排列比中间肌致密。在腱镜的中央部分无肌层存在,因此黏膜下层直接与腱组织连接。

（十二）

实验材料：鸡小肠（intestine）

染色方法：HE 染色

低倍镜观察：

▶小肠黏膜有许多皱襞，十二指肠起始段的黏膜有永久性环行皱襞。小肠黏膜形成许多绒毛，由黏膜上皮和固有层向肠腔突出而成。由于皱襞和绒毛的存在，大大增加了小肠的吸收面积。上皮为单层柱状上皮，柱状细胞之间夹有杯状细胞和内分泌细胞。柱状细胞游离面有明显的纹状缘，内分泌细胞在十二指肠前段高度集中。固有层由结缔组织构成，其中含有较多的细胞成分及血管、神经和肠腺。有时还有弥散性淋巴组织，在局部甚至还可见到孤立淋巴小结和集合淋巴小结。肠腺较短，为单管状腺，开口于绒毛的基部。肠腺上皮为单层柱状上皮，腺体上段有杯状细胞，内分泌细胞分布于腺体的顶端。十二指肠的绒毛最长，长约 1.5 mm，并有分支现象。向后绒毛逐渐变短，分支也少。鸭的绒毛比鸡的短。禽类绒毛的最大特点是绒毛轴内没有中央乳糜管，只有毛细血管网和平滑肌纤维。黏膜上皮所吸收的甘油—酯和脂肪酸等被重新合成乳糜微粒后，入肝门脉循环。

▶黏膜肌层由内纵肌与外环肌组成。内纵肌的肌纤维可伸入绒毛内，外环肌有时与肌层连成一片。黏膜下层很薄，局部甚至缺如。十二指肠的黏膜下层中没有十二指肠腺，仅在肌胃与十二指肠的连接处，有一些类似十二指肠腺的腺体存在。肌层较发达，由内环肌与外纵肌组成。在回肠与盲肠交界处形成括约肌，此处黏膜形成环状皱襞。外膜为浆膜。

（十三）

实验材料：鸡盲肠

染色方法：HE 染色

低倍镜观察：盲肠是两条盲管，基部细，中部较宽，盲端又较细。肠壁的厚度，以中部最薄，基部和盲端都较厚。盲肠的组织结构与小肠大体相似。黏膜上皮为单层柱状上皮，有皱襞和绒毛。盲肠基部的绒毛较发达，中部的绒毛短而宽，盲端则无绒毛存在。固有层内有淋巴组织，盲肠基部特别发达，形成盲肠扁桃体（tonsillae caecales）。盲肠的局部缺黏膜肌层。黏膜下层有时很显著。肌层的厚度和排列在不同的区域有明显差异。禽类的盲肠有消化和吸收的功能，将小肠内未被酶分解的食物进一步消化，并吸收水、盐类等。盲肠内微生物的大量繁殖，使食物中的纤维素得到分解和吸收。

（十四）

实验材料：鸡泄殖腔

染色方法：HE 染色

低倍镜观察：泄殖腔的组织结构与大肠基本相似。黏膜具有绒毛，也由上皮和固有层共同形成。粪道的绒毛为短的指状，泄殖道为扁的叶状，肛门的绒毛最短小。黏膜上皮为单层柱状上皮，上皮在泄殖孔背唇和腹唇内侧，突然转变为复层扁平上皮。黏膜肌层在泄殖孔的肌层和括约肌都含有骨骼肌纤维。外膜为纤维膜。此外，肛道的黏膜内有肛腺（glandulae proctodeum）。

（十五）

实验材料：鲤鱼食管

染色方法：HE 染色

低倍镜观察:鲤鱼食管短,黏膜层纵行皱褶多,其黏膜上皮为复层扁平上皮,食管前部黏膜肌层较厚,多为纵行横纹肌,环形肌少,黏膜下层薄,食管后段黏膜肌层消失。食管肌层内环外纵,环形肌较发达,约占管壁 1/2,纵肌并未形成完整一层。

(十六)

实验材料:鲤鱼肠

染色方法:HE 染色

低倍镜观察:鲤鱼的肠直接与食管相连,分成前肠、中肠和后肠,各段间区别不明显。肠壁可分为黏膜层、肌层、浆膜三层。黏膜层由上皮、固有层构成。

黏膜层向肠腔形成明显的皱褶,一般皱褶不分支。皱褶在前肠较深,排列较密,后肠较浅,排列较疏。

黏膜上皮为单层柱状上皮,以柱状细胞为主,起吸收作用,细胞高柱状,核位于基部,细胞游离面有明显的纹状缘,电镜下为微绒毛。杯状细胞分布在柱状细胞间,呈高脚酒杯状,分泌黏液。在柱状细胞间还可见淋巴细胞。

固有层没有肠腺,由较致密的结缔组织构成,含血管、淋巴管、淋巴细胞和其他白细胞,并具有胶原纤维、弹性纤维和网状纤维。

肌层由内环、外纵两层平滑肌构成,内环层较厚,两层间可见血管、神经丛细胞。

浆膜由一层薄的结缔组织和间皮构成。

四、示范样本

1. 猪胃底腺三种细胞　应用改良 Lux01 快蓝酸性染料进行染色时,壁细胞染成蓝色,黏液细胞略呈紫红色,主细胞酶原颗粒橘红色。

2. 味蕾　在兔舌黏膜上皮中分布有许多浅色卵圆形味蕾,在显微镜下可区分出味细胞和支持细胞,核蓝紫色,胞浆红色。

五、电镜照片

1. 小肠上皮　在电镜下可见纹状缘由许多紧密排列的微绒毛组成。

2. 胃的壁细胞　又称盐酸细胞(oxyntic cell)。壁细胞游离面的胞膜向胞质内深陷形成分支的小管,称细胞内小管(intracellular canaliculi),有许多微绒毛伸入小管内,扩大了壁细胞表面积。胞质内有许多管泡状滑面内质网,称微管泡系统(microtubulovesicular system)。当细胞分泌盐酸时,微管泡系统与细胞内小管相连。胞质中线粒体丰富,还有高尔基复合体、粗面内质网、微管和微丝等。

六、思考题

(1)消化管的基本组织结构的共同性有哪些?

(2)消化管中家畜与家禽基本组织结构的不同点有哪些?

江西农业大学动物科技学院　王亚鸣

南京农业大学动物医学院　黄国庆(淡水鱼部分)

第十三章 消 化 腺
Digestive Gland

一、内容简介

消化腺可分两种：一种是位于消化管壁内的小型消化腺，如胃腺和肠腺等；另一种是位于消化管之外，借导管开口于消化管腔的大型消化腺，如唾液腺、胰腺和肝脏。这些消化腺都能分泌消化液，消化各种食物。

唾液腺（salivary gland）主要有三对，即腮腺、颌下腺及舌下腺，都是复管泡状腺，腺体表面覆以被膜，将腺体分为若干叶和小叶。腺实质由腺泡和导管构成，腺泡有浆液性腺泡、黏液性腺泡和混合性腺泡。唾液腺的导管一端连腺泡，称闰管，闰管汇集成分泌管，管腔较大，管壁是单层柱状上皮，胞质嗜酸性。近口腔处导管壁上皮成为复层扁平上皮，与口腔上皮相延续。

胰腺（pancreas）是动物体内重要的消化腺，外面包有薄层结缔组织，并伸入腺实质，将胰腺分为许多小叶。胰腺由外分泌部和内分泌部构成。外分泌部是消化腺，分泌胰液。内分泌部分泌激素，参与调节体内糖代谢。

肝（liver）是体内最大的消化腺，分泌胆汁，也是体内物质代谢和解毒的重要器官。肝是一个实质性器官。肝表面大部分包一层浆膜，浆膜深部的结缔组织中含有丰富的弹性纤维，结缔组织从肝门伸入肝实质，将整个肝脏分隔成 50 万～100 万个结构基本相同的肝小叶（hepatic lobule）。肝小叶是肝的结构单位，肝小叶呈多面棱柱体，由中央静脉、肝细胞板、肝窦和胆小管组成。肝窦即窦状隙，为肝板之间不规则的、互相沟通的腔隙。肝窦的壁由一层内皮细胞围成，周围包绕着少量网状纤维。胆小管由相邻肝细胞的细胞膜围成，肝细胞向胆小管腔内伸出许多微绒毛。肝细胞分泌的胆汁首先排入胆小管，以后再汇集于门管区的小叶间胆管。位于数个肝小叶交界处的区域称门管区（portal area），由结缔组织和小叶间动、静脉及小叶间胆管组成。

家禽胰腺细长，分为背叶、腹叶和一小的中间叶，后者也称脾叶，它们分别以 2～3 条胰管开口于十二指肠末端。胰腺表面覆以薄层疏松结缔组织，胰腺的小叶不明显。

家禽肝的相对体积很大，分左右两叶，右叶脏面有一胆囊。两叶各有一肝门，每叶的肝动脉、门静脉和肝管由此进出。左叶的肝管直接开口于十二指肠，右叶的肝管先到胆囊，再由胆囊发出胆管到十二指肠。

鱼类肝脏的大小、形状、颜色以及分叶状况与脊椎动物相比，都有很大的变化。形状常与体形有关。肝脏的颜色一般为黄色或褐色。肝脏的分叶情况也不一样，有的为单叶，有的为三叶，还有的为多叶，但大多数鱼类的肝脏分成两叶。肝脏能够分泌胆汁。有些鱼类没有胆囊，有的胆囊埋藏在肝组织内。真骨鱼类的胆囊裸露在肝脏之外。

二、实验目的和要求

(1)掌握肝小叶和门管区的组织结构。

(2)区别猪的肝脏结构与禽类肝脏结构的不同点。

(3)掌握鱼肝胰脏的组织学特点。(淡水养殖专业)

三、观察方法及观察要点

(一)

实验材料:猪颌下腺(submaxillary gland)

染色方法:HE 染色

低倍镜观察:肉眼观察,紫红色的腺实质被红色的结缔组织分隔成许多小叶。低倍镜观察,颌下腺被膜由结缔组织构成,被膜向内分出许多小叶间隔,把实质分为许多小叶。小叶内有大量染色较深的浆液性腺泡及少量的染色较浅的黏液性腺泡。分泌管的细胞排列整齐,染色较红,管腔较大。此外,尚可见到散在的空泡状的脂肪细胞。

高倍镜观察:浆液性腺泡(serous terminal portion)细胞呈锥形,胞质染为紫蓝色,核圆形位于细胞基底部。黏液性腺泡(mucous terminal portion)细胞呈锥形,胞核扁平,染色深,位于细胞基底部。因胞质内黏原颗粒溶解,故染色淡。导管由单层扁平上皮到单层柱状上皮或假复层柱状上皮组成。各级导管分别分布在小叶内及小叶间。

(二)

实验材料:猪肝脏(liver)

染色方法:HE 染色

低倍镜观察:在肝断面的一侧可见到染红色的被膜,由致密结缔组织及外面被覆的浆膜组成。肝小叶为肝之基本单位,以中央静脉为中心,肝细胞排列成条索状向四周放射状排列,中央静脉腔大、壁薄且不完整,与肝血窦相通。相邻几个肝小叶之间的结缔组织形成的三角区域称门管区,其中分布有小叶间动脉、小叶间静脉和小叶间胆管。小叶下静脉位于肝小叶间,为单独走行的小静脉,管径比中央静脉大,管壁较厚。

高倍镜观察:在切片上肝细胞排列成条索状,故称肝细胞索。肝细胞呈多角形,胞界较清楚。胞核圆形呈泡状位于细胞中央,有些肝细胞可见两个核。胞质内肝糖原颗粒及脂滴在一般制片标本中不能保存而呈空泡状。血窦位于肝细胞索之间的腔隙内,与中央静脉相通,腔面衬有内皮,内皮细胞较小,核扁,染色深。窦腔内可见枯否氏细胞(kupffer cell),此细胞较大,有突起,呈不规则形,胞核较大,呈卵圆形,染色较淡。门管区中有三种管腔,即小叶间动脉、小叶间静脉和小叶间胆管。小叶间动脉管腔较小,管壁较厚;小叶间静脉管腔较大,管壁较薄;小叶间胆管为单层立方上皮,大小界于以上两者之间。

(三)

实验材料:猪胆囊(gall bladder)

染色方法:HE 染色

低倍镜观察:肉眼观察猪胆囊可分出染为紫蓝色的黏膜层、红色的肌层和浅红色的外膜层。黏膜有许多高而分支的皱襞,黏膜向深部凹陷,从切面上看很像腺体,上皮为单层柱状。肌层排列不规则。外膜部分为纤维膜,部分为浆膜。

高倍镜观察:胆囊黏膜上皮由单层柱状上皮组成,其中夹杂少量的杯状细胞。

(四)

实验材料:猪胰腺(pancreas)

染色方法:HE 染色

低倍镜观察:胰腺分外分泌部和内分泌部。外分泌部结构很像唾液腺,由大量的浆液性腺泡和导管组成,染色较深,呈蓝紫色。导管包括闰管、小叶内导管、小叶间导管、总排泄管。导管所衬上皮都是单层上皮,由单层扁平上皮渐变成低柱状以至高柱状上皮。总排泄管开口于十二指肠。内分泌部即胰岛,是分散在外分泌部中间的大小不等的内分泌细胞群,其数量在胰尾最多。构成胰岛的内分泌细胞排列成索状或团块状,着色较淡。

高倍镜观察:胰腺腺细胞呈锥体形,其游离端细胞质中含有酶原颗粒,嗜酸性,其基底有纵纹,胞质为嗜碱性,胞核圆形,位于基部,腺泡中央有泡心细胞。构成胰岛的细胞较小,着色甚浅,在 HE 染色切片上区分不出内分泌细胞的种类。

(五)

实验材料:猪胰岛(pancreas islet)

染色方法:Mallory 染色

低倍镜观察:胰岛的大部分呈暗红色。找到颜色较浅的部分进行观察。

高倍镜观察:胰岛中可分出三种细胞,即甲细胞(A 细胞)、乙细胞(B 细胞)和丁细胞(D 细胞)。甲细胞数量少,体积较大,胞质内含有红色颗粒。乙细胞数量多,体积较小,胞质含有极小的橘黄色颗粒。丁细胞大多呈三角形,胞质含有极小的蓝色颗粒。

(六)

实验材料:鸡肝脏

染色方法:HE 染色

低倍镜观察:家禽的肝小叶较小。由于小叶间结缔组织不发达,故肝小叶的界限不明显,特别是鸡更不明显。因此,只能依靠中央静脉和门管区来判断肝小叶的界限。

高倍镜观察:与家畜不同,鸡的肝板由两排肝细胞组成,肝板以中央静脉为中轴,呈辐射状排列。肝细胞呈多边形,细胞核大而圆,位于肝细胞靠近肝窦的一侧。

(七)

实验材料:鸡胆囊

染色方法:HE 染色

低倍镜观察:胆囊壁可分为黏膜、肌层和浆膜三层。黏膜形成绒毛样纵行皱襞,当胆汁充满时,皱襞展平而消失。黏膜上皮为单层柱状上皮,固有层内有淋巴组织。肌层较薄,但仍可分为内纵、外环两层平滑肌。浆膜较厚,血管丰富。

(八)

实验材料:鸡胰腺(pancreas)

染色方法:HE 染色

低倍镜观察:鸡胰腺与家畜相似,也属复管泡状腺,由腺泡和导管组成。

高倍镜观察:

(1)腺泡。由浆液性细胞围成,细胞呈不规则的圆锥形,核圆形或椭圆形,位于细胞基底部,细胞游离端含有许多嗜酸性酶原颗粒。腺泡腔面有体积较小的泡心细胞,胞质内无分泌颗粒。

（2）导管。最小的导管为闰管,泡心细胞所围成的狭腔为闰管的起始部,闰管壁衬以单层扁平上皮。闰管集合成小导管,最后形成胰管。随着管径增大,上皮逐渐过渡为单层立方上皮直到单层柱状上皮,其间夹有杯状细胞。

（3）胰岛。禽类胰岛由于甲、乙、丁三种细胞分布不均匀,可分为亮胰岛和暗胰岛两种。亮胰岛又称乙胰岛,在胰的三个叶中都有,其中主要是乙细胞,还有丁细胞。暗胰岛又称甲胰岛,主要分布于中间叶,其中主要是甲细胞,也有少量丁细胞。

（九）

实验材料：鲤鱼肝脏

染色方法：HE 染色

低倍镜观察：鱼类肝脏的大小、形态、颜色、分叶变化很大,而且常和胰腺混在一起,有时肝脏内部埋藏着胰腺组织,形成肝胰脏。胰腺以大小不等的腺泡群如同小岛一样散布在肝组织内,多分布在较大的血管周围,外方有极少量的结缔组织将其与肝组织分隔开来。

高倍镜观察：

（1）肝。外覆浆膜,被膜结缔组织很少伸入肝实质中,肝门管中的肝动脉、肝静脉和胆管也往往不在一起,中央静脉分布亦不规则。鲤鱼的肝实质为大量细胞索,排列密集,呈网状。细胞形状较一致,核圆,位于细胞中心,一般具有 2 个核仁,细胞质中脂质较多,HE 染色较浅。肝小叶结构不明显,小叶中有中央静脉,但小叶边缘只有少量血管,边界不明显。小叶间胆管亦位于小叶边缘,胆管上皮为单层扁平或立方,小叶间胆管汇集形成肝管。

（2）胰腺。主要由腺泡及导管构成,腺泡由单层柱状上皮构成,细胞中可见嗜酸性颗粒。局部可见染色较浅,体积较小,排列较不规则的细胞团,即胰岛。

四、示范样本

1. 兔肝（示肝血管,墨汁注射） 在低倍镜下先找到中央静脉,其周围为放射状排列的肝血窦,均充满黑色液体,因切面关系,有的肝血窦未与中央静脉相通。在门管区,可见到小叶间动、静脉,但管壁结构看不清,管腔内充满黑色液体,并且可见它们的分支从小叶边缘通入肝血窦内。

2. 大鼠肝（示枯否氏细胞,苏打卡红活体注射、苏木精复染） 在活体染色的切片上,枯否氏细胞的胞质中吞有大量红色的染料颗粒,呈长三角形或多边形,非常容易辨别。

五、电镜照片

肝细胞：电镜下观察,肝细胞内含有大量的线粒体、粗面内质网、滑面内质网和糖原等。胆小管由相邻肝细胞的细胞膜互相凹陷形成。窦状隙上皮与肝细胞之间形成明显可见的窦周隙。肝细胞有一些短小的微绒毛伸入窦周隙。

六、思考题

（1）名词解释：窦周隙、胆小管、赫令氏管、门管区、微绒毛、十二指肠腺。

（2）试述胰腺的结构和功能。

（3）试述肝血液循环的特点与组织结构的关系。

(4)哺乳类消化腺与禽类消化腺的不同点和共同点有哪些?

江西农业大学动物科技学院　王亚鸣

南京农业大学动物医学院　黄国庆(淡水鱼部分)

第十四章 呼吸系统
Respiratory System

一、内容简介

呼吸系统由鼻、咽、喉、气管、支气管和肺组成。

气管(trachea)管壁由黏膜、黏膜下层和外膜组成。黏膜上皮为假复层柱状纤毛上皮,黏膜下层为疏松结缔组织,在疏松结缔组织中,可见混合腺、血管、淋巴组织等,外膜较厚,由结缔组织和透明软骨组织成,在软骨环缺口处有平滑肌束,猪的平滑肌分布在缺口内侧。

肺(lung)的表面被覆浆膜,浆膜中的结缔组织伸入肺内将肺实质分隔成许多不规则多边形的肺小叶。肺实质由导气部和呼吸部组成,导气部包括肺内支气管、细支气管和终末细支气管,呼吸部包括呼吸性细支气管、肺泡管、肺泡囊和肺泡。肺内支气管的管壁由黏膜、黏膜下层和外膜组成,随着支气管不断分支,管径逐渐变小,管壁逐渐变薄,管壁分层渐不明显,较小的支气管黏膜形成皱襞。黏膜上皮为假复层柱状纤毛上皮,柱状纤毛上皮间夹有杯状细胞,其数量随管径逐渐变小而减少,固有层很薄,分布有弥散性淋巴组织,平滑肌逐渐增多,形成断续环行的黏膜肌层。黏膜下层内的腺体逐渐减少。外膜内的软骨呈不规则的片状,并逐渐减少。细支气管黏膜常见皱襞,上皮由假复层柱状纤毛上皮逐渐过渡为单层柱状纤毛上皮,杯状细胞、软骨片和腺体基本上消失,但仍有零散分布。平滑肌相对增多,形成较为完整的一层。终末细支气管黏膜皱襞渐消失,上皮为单层柱状纤毛上皮,杯状细胞、腺体和软骨均完全消失,平滑肌形成完整的一层。呼吸性细支气管为终末细支气管的进一步分支,始端为单层柱状纤毛上皮,逐渐过渡为单层柱状上皮、单层立方上皮,最终过渡为肺泡的单层扁平上皮。上皮深面的结缔组织内有散在的平滑肌纤维分布。肺泡管为呼吸性细支气管的分支,管壁上有许多肺泡囊和肺泡的开口,故管壁不完整。管壁结构很少,只存在于相邻肺泡或肺泡囊开口之间部分,此处呈结节状膨大,有平滑肌纤维分布,即为肺泡管管壁。肺泡囊是几个肺泡共同围成的囊腔,与肺泡管相延续,上皮全部为肺泡上皮,平滑肌已完全消失。肺泡为半球状或多边形囊泡,开口于呼吸性细支气管、肺泡管、肺泡囊。肺泡壁很薄,表面衬以单层肺泡上皮。肺内的结缔组织、血管、神经和淋巴管等构成肺间质。

鸡的肺表面被覆浆膜,浆膜中的结缔组织伸入实质构成肺间质,分布于各级支气管、肺小叶及肺毛细管之间。肺实质由各级支气管、肺房及肺毛细管组成。支气管入肺后,为初级支气管,初级支气管发出的分支为次级支气管,次级支气管分支构成三级支气管,三级支气管及其周围的肺房和呼吸毛细管,共同构成肺的结构单位肺小叶。肺小叶的横断面呈多角形,毗邻的肺小叶有呼吸毛细管互相交通、互相吻合,故小叶间结缔组织不完整。

鱼的呼吸器官主要是鳃,鳃由鳃弓和鳃丝构成。鳃弓起支撑功能,鳃丝是呼吸场所。

二、实验目的和要求

(1)掌握猪和家禽主要呼吸器官气管和肺的结构特点。

(2)掌握鱼鳃的组织学特点。(淡水养殖专业)

三、观察方法及观察要点

(一)

实验材料:猪气管(横切)

染色方法:HE 染色

低倍镜观察:肉眼观察气管切片,材料的凹面为气管黏膜面,管壁中淡蓝色的部分为透明软骨环。低倍镜下,从黏膜面向外观察气管壁,可区分为黏膜、黏膜下层和外膜三个部分。

黏膜构成气管壁最内层,为腔面着深紫红色部分,由上皮和固有层组成。

黏膜下层为疏松结缔组织,位于黏膜和外膜之间,结构疏松,其中可见血管和混合腺即气管腺。此层与固有层分界不明显,气管腺可视为黏膜下层的标志。

外膜构成气管壁最外层,由致密结缔组织和透明软骨组成。透明软骨染成淡蓝色,在软骨环缺口处内侧可见到深紫红色的平滑肌纤维束。

高倍镜观察:

(1)黏膜上皮。为假复层柱状纤毛上皮,在柱状纤毛上皮间夹有杯状细胞。柱状细胞游离面可见纤毛。上皮的基膜较明显,位于上皮的基底面,呈红色的均质带状。

(2)固有层。为富含弹性纤维的疏松结缔组织,在切片中弹性纤维染成红色,呈带状(纵切)或点状(横切)。在结缔组织中,可见气管腺的导管、小血管、淋巴细胞等。

(二)

实验材料:猪肺

染色方法:HE 染色

低倍镜观察:肉眼观察,肺切片红色,结构疏松,呈网状。低倍镜观察,肺切片的一侧表面为浆膜(胸膜脏层),浆膜内为肺实质。肺实质被结缔组织分隔成许多不规则的多边形小区即肺小叶。在肺小叶内可见到管腔大小不等的管状切面(肺内支气管、细支气管、终末细支气管、呼吸性细支气管、血管)和大量囊泡状的肺泡、肺泡囊、肺泡管。因切片关系,很难观察到各级管道相连续的切面。

高倍镜观察:

(1)浆膜。位于肺表面的红染薄层结缔组织,由间皮和富含弹性纤维(切面上呈亮红色)的致密结缔组织组成。

(2)肺内支气管。管腔较大,腔面较平,皱襞少。管壁由内向外分黏膜、黏膜下层和外膜,但三层结构不如气管明显。黏膜表面被覆有假复层柱状纤毛上皮,柱状纤毛上皮之间夹有杯状细胞,固有层薄,其深面有分散的平滑肌纤维束。黏膜下层位于黏膜深层平滑肌束的外侧,由疏松结缔组织构成,其中含有混合腺。外膜与黏膜下层没有明显分界,由透明软骨片和结缔组织组成,其中所见的小血管为支气管动、静脉的分支。肺内支气管随着分支,管腔由大变小,管壁由厚变薄,腺体由多变少,软骨片由大变小,杯状细胞逐渐减少,平滑肌逐渐增多。

(3)细支气管。管腔小于小支气管,管壁较薄,黏膜突向管腔形成许多纵形皱襞,故细支气管横切腔面呈星状。黏膜上皮为假复层柱状纤毛上皮或单层柱状纤毛上皮,杯状细胞极少或缺如,固有层很薄,平滑肌纤维束逐渐增多,形成较为完整的环行肌层。黏膜下层混合腺极少或缺如。外膜的软骨呈很细小的片状或缺如。细支气管随着管腔由大变小,假复层柱状纤毛上皮渐变为单层柱状纤毛上皮,柱状纤毛上皮间的杯状细胞、黏膜下层的混合腺及外膜的软骨片明显减少乃至消失,而平滑肌相对增多,形成环行的平滑肌层。

(4)终末细支气管。管腔小于细支气管,管壁更薄,腔面皱襞少或无皱襞。上皮为单层柱状纤毛上皮或单层柱状上皮,杯状细胞、混合腺、软骨片完全消失,平滑肌形成薄而完整的环形肌层。

(5)呼吸性细支气管。直接与肺泡管通连,由于管壁有少量肺泡开口,故管壁不完整。始端上皮为单层柱状上皮,随着向肺泡管移行,单层柱状纤毛上皮渐变为单层立方上皮,上皮深面有少量结缔组织和少量的平滑肌。

(6)肺泡管。为许多肺泡、肺泡囊开口围成的管道,故肺泡管无完整的管壁,在切片中仅在相邻肺泡开口之间的肺泡隔末端,可见由1~2条平滑肌纤维构成的结节状膨大(据此结构特点可与肺泡囊相区别),该膨大即视为肺泡管的管壁。

(7)肺泡囊。是数个肺泡共同开口围成的囊状结构。在肺泡开口处无平滑肌,除肺泡以外无其他囊壁。

(8)肺泡。切片中所见到的大小不等,呈空泡状或"C"字形的薄壁囊泡结构为肺泡。肺泡开口于肺泡囊、肺泡管或呼吸性细支气管,借肺泡隔与邻近肺泡接触。肺泡壁薄,由单层上皮构成,肺泡上皮分Ⅰ型肺泡细胞和Ⅱ型肺泡细胞。Ⅰ型肺泡细胞(扁平肺泡细胞)体大扁平,胞核扁圆位于中央,细胞含核部分略厚,其余部分极薄。Ⅱ型肺泡细胞(立方肺泡细胞)嵌于扁平肺泡细胞之间,体积较小,呈立方形或圆形,胞核圆形。两种上皮细胞不易区分,偶尔在肺泡壁上可见较大的立方细胞突向肺泡腔,为Ⅱ型肺泡细胞。

(9)肺泡隔。为相邻肺泡之间的薄层结缔组织,属肺间质。在切片上,因光镜的分辨率所限及制片收缩,分布在结缔组织中的毛细血管和弹性纤维等结构不易分辨。

(10)肺巨噬细胞。在肺泡隔内偶见一种体积较大的圆形细胞为肺巨噬细胞(隔细胞)。在肺泡腔内偶见体积较大、形状不规则的细胞为肺泡巨噬细胞(尘细胞),胞核圆形,胞质内可见有吞噬的颗粒。

(三)

实验材料:鸡肺

染色方法:HE染色

低倍镜观察:被覆在肺表面的薄层红染结构为浆膜。肺小叶横切面呈多角形,肺小叶中央的开放性管状结构为三级支气管的横切面,肺房围绕三级支气管呈辐射状排列,肺房周围的泡状结构为肺毛细管。小叶间结缔组织不完整,故肺小叶界限不清。

高倍镜观察:

(1)浆膜。由间皮和富含弹性纤维的结缔组织组成。浆膜中的结缔组织伸入肺内,形成小叶间结缔组织和呼吸毛细管间结缔组织,构成肺间质。

(2)初级支气管。切面极少,难以见到。初级支气管管腔较大,黏膜形成皱襞。上皮为假复层柱状纤毛上皮,上皮间有泡状黏液腺、杯状细胞。固有层内含大量弹性纤维,偶见淋巴小结。随管径变细,平滑肌逐渐增多,平滑肌环行或纵行。偶见透明软骨片。

(3)次级支气管。切面很少,上皮为单层柱状纤毛上皮,上皮中泡状黏液腺和杯状细胞少或无,平滑肌相对多,形成一完整的肌层。

(4)三级支气管。相当于哺乳动物的肺泡管,位于肺小叶的中央。管壁被许多辐射状排列的肺房所穿通,故呈开放式管道。上皮为单层立方上皮或单层扁平上皮,上皮外有少量结缔组织,平滑肌呈束状。

(5)肺房。相当于哺乳动物的肺泡囊,位于三级支气管周围,呈不规则的囊腔。上皮为单层扁平上皮。

(6)肺毛细管。相当于哺乳动物的肺泡。肺毛细管管壁由单层扁平上皮构成,管间结缔组织中有网状纤维、毛细血管。因染色方法、制片收缩而使网状纤维、毛细血管等结构在切片上不易分辨。

(四)

实验材料:鲤鱼鳃

染色方法:HE 染色

低倍镜观察:鲤鱼的鳃由鳃弓和鳃丝构成。

鳃弓切面半圆形,表面着生复层扁平上皮,中央为透明软骨组成的半圆弧状鳃弓软骨,在半圆弧状鳃弓内凹的一面有两支血管,靠近鳃丝方向的是入鳃动脉,靠近鳃弓软骨的是出鳃动脉。入鳃动脉内侧有一支粗大的神经束,各部分结构之间由结缔组织充填。

鳃丝一端固着在鳃弓上,另一端游离,形如马刀,其外侧被覆的复层扁平上皮与鳃弓表皮相接,每一根鳃丝由鳃丝软骨支持,软骨长度约为鳃丝全长的 2/3。鳃丝内侧为入鳃丝动脉,外侧为出鳃丝动脉,两动脉发出分支与鳃小片窦状隙相连。

鳃小片基部粗,着生在鳃丝上,另一端游离。

高倍镜观察:鳃小片由三层细胞组成,内外两面为单层扁平上皮细胞,这些细胞无基膜,直接与柱状支持细胞膜相连。柱状支持细胞,细胞核大而圆,浅蓝色,中位,细胞中部收缩,上下两端膨大呈"工"字状,相邻的柱状支持细胞中间膨大形成窦状隙。窦状隙内有许多血液细胞。

四、示范样本

兔肺(肺血管注射卡红明胶):肺组织中红色部分均为肺血管,注意观察肺泡壁上分布有密网状排列的毛细血管。

五、电镜照片

1. Ⅱ型肺泡细胞　注意观察细胞内含有一些嗜锇性板层小体。

2. 血气屏障　观察一个肺泡壁的结构。肺泡壁和肺泡隔中的毛细血管形成了血气屏障,后者由肺泡表面液体层、Ⅰ型肺泡细胞与基膜、毛细血管内皮与基膜构成。

六、思考题

(1)肺内导气部、呼吸部组成及结构有何变化规律?

(2)试述肺泡的组成和结构。

(3)为什么鱼类鳃小片上扁平上皮没有基膜?

西南大学动物科技学院　田茂春　刘建虎(淡水鱼部分)

第十五章 泌尿系统
Urinary System

一、内容简介

肾(kidney)表面为致密结缔组织构成的被膜,实质分为内外两层,外层红色为皮质,内层浅红色为髓质。皮质由髓放线和皮质迷路组成,髓放线为髓质部的肾小管和集合小管呈辐射状伸入皮质内形成的条纹状结构,皮质迷路位于髓放线之间,主要由肾小体、近端小管、远端小管、血管等组成。每个髓放线及其周围的皮质迷路组成肾小叶,肾小叶之间界限不明显,可根据小叶间动脉、小叶间静脉来区分。髓质位于皮质深层,与皮质无明显的分界。髓质无肾小体,主要由大量直行的肾小管、集合小管和血管组成。实质由肾单位和集合小管组成,肾单位为肾的结构和功能单位,包括肾小体、近端小管、细段和远端小管。肾小体位于皮质迷路,呈圆形或卵圆形,由肾小球和肾小囊组成。肾小体的一侧有小血管进出处为血管极,血管极的对侧为尿极,是肾小囊延接近曲小管处。近曲小管(近端小管曲部)和远曲小管(远端小管曲部)位于皮质迷路。近曲小管管壁由锥形细胞构成,细胞界限不清,胞核圆形,位于细胞基部,胞质强嗜酸性,红色。远曲小管管壁由单层立方上皮构成,细胞界限较清楚,胞核圆形,位于细胞中央,胞质弱嗜酸性,淡红色。近端小管和远端小管直部位于髓放线和髓质内,其形态、结构、染色与近曲小管和远曲小管相似。但近端小管直部上皮细胞略呈立方形。细段位于髓质内,管壁很薄,由单层扁平细胞构成。集合小管由弓形集合小管、直集合小管和乳头管组成。弓形集合小管位于皮质迷路,直集合小管位于髓放线和髓质内,乳头管位于肾乳头。随着由弓形集合小管向乳头管移行,单层立方上皮逐渐成为单层柱状上皮,乳头管为变移上皮。肾间质为分布于肾小管、集合小管和血管之间的结缔组织。

输尿管(ureter)管壁由黏膜、肌层和外膜组成。黏膜形成纵行皱襞,因而管腔横切面呈星形,黏膜上皮为变移上皮。

膀胱(urinary bladder)壁由黏膜、肌层和外膜(或浆膜)组成。黏膜上皮为变移上皮,肌层特别发达。

鸡的肾表面覆以被膜,实质由呈梨形的肾小叶组成。肾小叶分皮质和髓质两部分,皮质和髓质不形成划一的分界。皮质位于肾小叶的顶端,宽大,中央的管状结构是中央静脉,围绕中央静脉分布的是肾单位。髓质位于肾小叶的基部,窄小,主要由集合小管和髓袢组成。肾单位分两种类型,即皮质型和髓质型。皮质型肾单位全部位于皮质,由肾小体、近曲小管、中间段和远曲小管组成,无髓袢。髓质型肾单位靠近髓质分布,由肾小体、近曲小管、髓袢和远曲小管组成,其髓袢位于髓质。肾小体环绕中央静脉呈马蹄形排列。

二、实验目的和要求

(1)掌握动物肾的组织学特点。

(2)掌握鱼中肾的组织学特点。(淡水养殖专业)

三、观察方法及观察要点

(一)

实验材料：猪肾(纵切)

染色方法：HE 染色

低倍镜观察：肾表面为薄层红染的致密结缔组织构成的被膜，被膜深层是实质。实质分浅部染色红的皮质和深部染色淡红的髓质。皮质很厚，内有许多呈圆形结构的肾小体，其周围有大量染色深浅不一的管状结构。髓质位于皮质深面，主要由大量的管状结构(肾小管和集合小管的切面)组成，其间可见结缔组织和血管。在皮、髓质交界处较大的血管为弓形动、静脉。

高倍镜观察：

(1)被膜。位于肾表面，为红染的致密结缔组织，夹杂有少量平滑肌纤维。

(2)肾小体。位于皮质迷路，分散存在于近曲小管和远曲小管切面之间，呈圆形或椭圆形，由血管球和肾小囊组成。血管球位于肾小体中央，镜下可见大量毛细血管切面以及一些蓝色细胞核，但不易区分为哪一种细胞的核。肾小囊包在血管球的表面，是由单层上皮构成的双层囊，似压扁的皮球。内层为肾小囊脏层，包在血管球毛细血管的表面，与毛细血管内皮紧密相贴，上皮不易分辨。外层为肾小囊壁层，衬在肾小体的外周，由单层扁平上皮构成，上皮细胞核扁圆。肾小囊脏层与壁层之间较窄的腔隙为肾小囊腔(活体时充满原尿)。偶尔在切片中可观察到肾小囊腔与近曲小管腔相延续，该处为肾小体的尿极，与尿极相对处为肾小体的血管极，在此处偶尔可观察到出入肾小球的小动脉切面。肾小体的血管极处无肾小囊腔。

(3)近曲小管(近端小管曲部)。为肾小管起始部，位于肾小体附近，管长而弯曲，故切面较多，管径较粗，管壁较厚，管腔小而不规则，管壁由单层上皮构成。上皮细胞界限不清，细胞较大，呈锥形，胞核圆形或椭圆形，位于细胞基部，胞质丰富，嗜酸性较强，染成红色。上皮细胞的腔面有一层红色的线状物，即刷状缘。若材料固定不及时，刷状缘常因被破坏而不明显。

(4)远曲小管(远端小管曲部)。位于肾小体附近，但切面数量较少，管径较小，管壁较薄，管腔大，腔面较规则，管壁由单层立方上皮构成。细胞界限较清楚，胞核圆形，位于细胞中央，胞质弱嗜酸性，染成淡红色。细胞游离面无刷状缘。

(5)近端小管和远端小管直部。位于髓放线和髓质内，多呈纵切面，其形态特点分别与近曲小管和远曲小管相似。只是近端小管直部上皮细胞略低。

(6)细段。位于髓质。细段是肾小管最细小部分，管径细，管腔小，管壁薄，管壁由单层扁平上皮构成。上皮含核部位较厚，胞核扁椭圆形，并向管腔内隆起。注意细段与毛细血管的区别——毛细血管的内皮较细段上皮薄，胞核椭圆形或梭形，染色深；毛细血管腔内多有血细胞，而细段的管腔内则无血细胞。

(7)集合小管。主要位于髓质和髓放线内，管腔较大，管壁由单层立方上皮或单层柱状上皮构成。上皮细胞核圆形，位于细胞基部，胞质染成浅红色，细胞界限清楚。集合小管在肾乳头处移行为乳头管，其上皮为变移上皮。

(8)致密斑。位于肾小体的血管极，由远曲小管紧靠肾小体血管极一侧的管壁上皮细胞特化而成。细胞呈柱状，排列比较紧密，细胞界限不清，胞核位于近细胞顶部，呈椭圆形，深染且密集，胞质淡红色。

（二）

实验材料：兔肾

染色方法：兔肾血管注入卡红明胶

低倍镜观察：弓形动、静脉位于皮、髓质交界处，血管比较粗大，多为横切或斜切。小叶间动、静脉位于皮质迷路内，血管走向与皮质表面相垂直。血管球位于肾小体内，呈红色丝球形，入球小动脉和出球小动脉不易区分。直小动、静脉是位于髓质内直行的小血管。

（三）

实验材料：猪输尿管（横切）

染色方法：HE 染色

低倍镜观察：管壁由内向外分为黏膜、肌层和外膜。因黏膜形成纵行皱襞，使管腔横切面不规则呈星形。

黏膜为输尿管壁最内层，由上皮和固有层组成。上皮为变移上皮，基膜不明显。固有层位于上皮深层，由结缔组织构成，其中有小血管。

肌层由内纵、中环、外纵三层平滑肌构成，平滑肌层排列不规则。

外膜是由结缔组织构成的纤维膜，其中可见小血管、小神经束等切面。

（四）

实验材料：猪膀胱（收缩期）

染色方法：HE 染色

低倍镜观察：标本中凸凹不平面为黏膜面。膀胱壁由内向外分为黏膜、肌层和外膜（或浆膜）。黏膜突向膀胱腔形成许多大小不等的皱襞。

黏膜为膀胱壁最内层，由上皮和固有层组成。上皮为变移上皮，细胞4～7层不等，表层细胞较大，胞核圆形，位于中央，有的为双核，胞质染色较深。固有层为致密结缔组织。

肌层较厚，可分内纵、中环和外纵三层。因平滑肌纤维走向较乱，相互交错，各肌层界限不清。

膀胱顶和膀胱体为结缔组织和间皮构成的浆膜，膀胱颈为结缔组织构成的外膜。

（五）

实验材料：鸡肾

染色方法：HE 染色

低倍镜观察：鸡肾表面被覆极薄的结缔组织被膜，部分区域的表面被覆有浆膜，实质由肾小叶组成，在切片上肾小叶呈梨形。肾小叶分皮质和髓质两部分。皮质位于肾小叶的顶端，宽大，似梨体，着色较深呈红色。皮质中央是中央静脉，在皮质半径的1/2处，肾小体有规律地环绕中央静脉排列成马蹄形的圈。肾小体周围有大量管状切面，多为近曲小管和远曲小管的切面。髓质位于肾小叶的基部，很小，似梨蒂，浅红色，髓质主要由集合小管和髓袢组成。皮质和髓质的分界不如哺乳动物的肾那样明显，在肾切面上不形成划一的分界。

高倍镜观察：

（1）肾小体。位于肾小叶皮质部，呈圆形或卵圆形，体积较小（皮质型肾单位的肾小体，其体积与近曲小管近似），由肾小球和肾小囊组成。肾小球位于肾小体中央，嗜碱性较强，着色较深，细胞界限不清。肾小囊为双层杯状囊，肾小球位于囊内，囊壁分内外两层。外层是肾小囊壁层，由单层扁平上皮构成，胞核呈卵圆形。内层是肾小囊脏层，紧贴在肾小球毛细血管的外面，上皮不易分辨。壁层与脏层之间是窄的肾小囊腔。

（2）近曲小管。在肾皮质内切面最多。管径较大，管壁厚，管腔较小而不规则，管壁由单层上皮构成，细胞呈锥形，界限不清，胞核圆形，位于细胞基部，胞质嗜酸性，红染，刷状缘位于细胞的游离面，呈深红色线条状。

（3）髓袢。位于髓质内，分薄壁段和厚壁段。薄壁段管径较细，管壁较薄，管壁由单层低立方上皮构成，胞核椭圆形，胞质嗜酸性，着色较浅，在切片上薄壁段的切面较少。厚壁段管径较粗，管壁较厚，管壁由单层立方上皮构成，胞核大而圆，位于细胞中间，胞质呈浅红色，切片上其切面比薄壁段的多。

（4）远曲小管。多集中位于中央静脉周围，管腔较大，管壁由单层立方上皮构成，胞核圆形或椭圆形，位于细胞中央，胞质弱嗜酸性、浅红色。

（5）集合小管。分小叶周集合小管和髓质集合小管。小叶周集合小管位于肾小叶的外周，管壁由单层立方上皮构成，胞核位于细胞基部，胞质嗜酸性，着色较浅。髓质集合小管位于肾小叶髓质，分散在髓袢薄壁段和厚壁段之间，管径较粗，管腔较大，管壁较厚。管壁由单层柱状上皮构成，胞核大，位于细胞基底部，胞质嗜酸性，着色较浅，细胞界限明显。

（6）致密斑。其结构与哺乳动物的相似。位于肾小体血管极处，远曲小管近血管极一侧的管壁上，细胞呈高柱状，核大，排列密集，细胞质少，细胞界限不清。

（六）

实验材料：鸡输尿管

染色方法：HE 染色

低倍镜观察：管腔呈星状腔隙，管壁由黏膜层、黏膜下层、肌层和外膜构成。黏膜上皮为假复层柱状上皮，固有层中常见弥散性淋巴组织或淋巴小结。黏膜下层厚度不一，其中除结缔组织和血管外，可见淋巴集结分布。肌层由内环肌和外纵肌两层组成。最外层是浆膜。

（七）

实验材料：鲤鱼中肾

染色方法：HE 染色

低倍镜观察：中肾外被结缔组织构成的纤维膜，内部充填淋巴组织，由肾单位组成的排泄组织位于肾脏外侧边缘。鲤鱼肾单位包括肾小管（颈节小管、近曲小管、远曲小管）和肾小体（肾小球、肾小囊），数量远远少于哺乳动物。在肾脏内侧的毛细血管血窦周围可观察到肾间组织。

高倍镜观察：

（1）肾小体。较大，常多个聚集在一起呈葡萄状分布，共用一根动脉血管。入球小动脉在与肾小球相接处的血管壁平滑肌膨大，着色深。肾小囊外壁薄，由单层扁平上皮围成，内壁（脏壁）由足细胞组成，包围在毛细血管外缘。高倍镜下足细胞与肾小球毛细血管壁细胞及血液细胞混杂在一起，足细胞核大，HE 染色呈浅蓝色，血液细胞核小，呈深蓝色。

（2）肾小管。由颈节小管、近曲小管、远曲小管组成。颈节小管通常位于肾小囊附近，管径小，管腔内容物黏稠，管壁由 5～8 个锥状（立方上皮）细胞围成，细胞顶部着生有密集的刷状缘（微绒毛）。

（3）近曲小管。断面在视野中数量最多，其外径较粗，内径细，管壁细胞锥状（立方上皮），相邻细胞顶部连接处呈波浪状，刷状缘（微绒毛）密集。

(4)远曲小管。断面在视野中数量较少,其外径较粗,内径也粗,管壁细胞立方状,相邻细胞顶部连接处平滑,刷状缘(微绒毛)稀疏。

四、电镜照片

1. 肾的滤过膜   滤过膜由有孔毛细血管内皮、毛细血管内皮基膜和足细胞的裂孔隔膜组成。

2. 肾小体   这是一张肾小体表面扫描电镜图,足细胞胞体很大,胞体向四周伸出一些大的初级突起,从这些大的初级突起上又向外伸出一些小的次级突起。

3. 近曲小管上皮细胞   微绒毛发达,排列整齐,胞质内含有一些吞噬小泡,细胞的基底部有较多的质膜内褶,其中分布有大量的线粒体。

五、思考题

(1) 试述肾单位的组成、分布、结构。

(2) 光镜下如何分辨近曲小管和远曲小管?

(3) 鱼类的中肾与哺乳动物肾脏相比,有什么特点?

西南大学动物科技学院   田茂春   刘建虎(淡水鱼部分)

第十六章 雄性生殖系统
Male Reproductive System

一、内容简介

雄性生殖系统由睾丸、附睾、输精管、尿生殖道、副性腺和阴茎等器官组成。

1. **睾丸**（testis） 表面覆以被膜，包括鞘膜脏层、白膜和血管层。鞘膜脏层为很薄的浆膜，其深部为致密结缔组织构成的白膜，白膜深入睾丸的中央形成睾丸纵隔。睾丸纵隔的结缔组织呈放射状伸入睾丸实质，将其分成许多锥体形的睾丸小叶，部分睾丸小叶彼此相通。每个小叶内有1～4条细长弯曲盲端的曲精小管。曲精小管在靠近睾丸纵隔处变为短而直的直精小管，直精小管进入睾丸纵隔后互相吻合，形成睾丸网。曲精小管之间的疏松结缔组织称为睾丸间质。曲精小管由特殊的生精上皮构成。生精上皮由生精细胞和支持细胞组成。生精细胞包括精原细胞、初级精母细胞、次级精母细胞、精子细胞和精子。

2. **附睾**（epididymis） 可分为头、体、尾三部分。头部主要由输出小管组成，体部和尾部由附睾管构成。输出小管为10～20条弯曲的小管，一端连于睾丸网，另一端连于附睾管。输出小管管壁由有纤毛的高柱状细胞和无纤毛的矮柱状细胞组成，两种细胞相间排列，使管腔内表面呈波浪状。上皮外的基膜周围有少许环行平滑肌和结缔组织。附睾管一端连于输出小管，另一端连于输精管。腔面平整，上皮为假复层柱状上皮，由高柱状细胞和锥体形细胞组成。

3. **输精管**（ductus deferens） 管壁由黏膜、肌层和外膜构成。黏膜上皮为假复层柱状上皮，上皮下方为固有层结缔组织。肌层较厚，平滑肌呈内纵、中环、外纵排列。外膜为疏松结缔组织，富含血管、淋巴管和神经。

鸡的睾丸表面覆有浆膜和薄层白膜。白膜结缔组织伸入内部，分布于曲精小管之间，形成不发达的睾丸间质。家禽睾丸无睾丸纵隔和睾丸小隔，故无睾丸小叶结构。睾丸实质主要由盲端的曲精小管构成。曲精小管细长而弯曲，有分支，互相吻合成网。其细胞成分与家畜相同，即由各级生精细胞和支持细胞组成。曲精小管末端延续为直精小管，直精小管与结缔组织中的睾丸网相连通。

鲤鱼的精巢体积较小，呈乳白色。从精巢膜上伸出隔膜，将整个精巢分割成圆形或长圆形的壶腹，称壶腹型精巢。幼龄时一般表面光滑，老龄时呈现不规则的盘曲状，在表面也出现很多皱褶。精巢在尾端汇合为"Y"字形，并合并为一条短的输精管汇入泄殖窦，通过排泄孔与外界相通。精巢壁由两层被膜构成，外层为腹膜，内层为白膜。腹膜上有一层间皮。白膜伸入实质将精巢分成许多小叶，称为精小叶。每个小叶的边缘内侧分布有由生精细胞聚集而成的精小囊，又称孢囊。精小叶之间的结缔组织称为间介组织。

二、实验目的和要求

(1)掌握家畜睾丸、附睾、输精管等器官的结构特点。
(2)在高倍镜下辨别出五种生精细胞和支持细胞。

（3）掌握家禽睾丸的结构特点。

（4）掌握鱼类精巢的结构特点。（淡水养殖专业）

三、观察方法及观察要点

（一）

实验材料：猪睾丸

染色方法：HE 染色

低倍镜观察：低倍镜下睾丸大体由被膜、实质和间质组成。

睾丸表面除附睾缘外，均覆以浆膜，即鞘膜脏层，深部为致密结缔组织构成的白膜。白膜的深层，具有丰富的脉管，为血管层。在睾丸的中央，白膜形成睾丸纵隔。实质内可见睾丸纵隔的结缔组织呈放射状伸入睾丸实质，将其分成许多锥体形的睾丸小叶，每个小叶内有1~4条细长弯曲盲端的曲精小管。在切片上可见实质内有许多呈圆形、椭圆形或长管状的曲精小管切面，有的由于仅切到管壁而未见管腔。曲精小管向睾丸纵隔处延伸为直精小管。直精小管进入睾丸纵隔，互相连接，成为管径粗细不等的睾丸网。直精小管和睾丸网的黏膜上皮都是单层柱状上皮或立方上皮。

高倍镜观察：重点观察各级生精细胞和支持细胞的结构。曲精小管由一种特殊的复层生精上皮构成。生精上皮由生精细胞和支持细胞组成。在曲精小管和间质之间有着色较深的基膜，基膜外有一层胶原纤维和梭形肌样细胞构成的界膜。从基膜向内观察，可见下列不同发育阶段的生精细胞和支持细胞。

（1）生精细胞。包括精原细胞、初级精母细胞、次级精母细胞、精子细胞和精子。

▶精原细胞位于基膜上，是最幼稚的生精细胞，紧贴基膜排列，有1~2层。细胞体积较小，呈圆形或卵圆形，胞质着色较浅，胞核圆形或椭圆形，染色较深。

▶初级精母细胞位于精原细胞的内侧，是最大的生精细胞，常有2~3层。细胞呈圆形，胞核大而圆，由于常处于细胞分裂状态，故可见粗线状的或成团的染色体。

▶次级精母细胞位于初级精母细胞的内侧，体积比初级精母细胞小，但比近腔面的精子细胞大。由于存在时间短，很快完成二次成熟分裂，成为两个精子细胞，故在切片上不易见到，需要观察多个曲精小管切面。

▶精子细胞位于近腔面，可有2~3层，细胞体积小，呈圆形，胞核圆而疏松，胞质很少。

▶精子是一种形态特殊的细胞，形似蝌蚪，分为头部和尾部。头部被染成深蓝色，尾部为淡红色丝状，成群存在，并以其头部附着于支持细胞的顶部或两侧面，尾部朝向管腔。切片上常常只观察到尾部。

注意，有时在切片上见不到精子细胞和精子，这是因为曲精小管内精子发生时期不是同步的，每期细胞发育所需的时间也长短不一，导致曲精小管内生精细胞的排列与组合也不同。

（2）支持细胞。呈单层等距排列，在两个支持细胞之间是数层生精细胞。支持细胞形状不规则，大多为圆锥状，基部附于基膜上，顶部伸达曲精小管腔面。光镜下，细胞轮廓不清楚，但可根据其胞核大，呈椭圆形、三角形或不规则形，染色浅，具有1~2个不明显核仁等特点鉴别。一般在曲精小管基部的生精细胞之间易于观察。

（3）间质细胞。猪的间质细胞数量大，大小非常不均，但以大的为多。在曲精小管的间质中，可见一种胞体较大，成群分布的多边形或圆形细胞，胞质的外围部分着色淡粉红，近核的部分则浓染。细胞膜清晰。胞核大而圆,核膜清楚,染色质分布均匀,具有一个或多个明显的核仁,核多偏于近质膜处。小的间质细胞,质膜不清,被结缔组织分成长的细胞带,胞质较少。

（二）

实验材料:猪附睾

染色方法:HE 染色

低倍镜观察:猪附睾很发达,位于睾丸的附睾缘,可分为头、体、尾三部分。头部主要由输出小管组成,体部和尾部由附睾管构成。输出小管为 10～20 条弯曲的小管,一端连于睾丸网,另一端连于附睾管。附睾管一端连于输出小管,另一端连于输精管。但由于切面的原因,只能观察到局部的结构。

高倍镜观察:重点观察输出小管和附睾管的结构。

输出小管管壁由有纤毛的高柱状细胞和无纤毛的矮柱状细胞组成,两种细胞相间排列,使管腔内表面呈波浪状。上皮外的基膜周围有少许环行平滑肌和结缔组织。

附睾管切面很多,管径大而规整,腔内见有许多精子。管壁为假复层柱状上皮,由柱状细胞和椭圆形的基细胞组成。柱状上皮细胞的核长椭圆形,具有一个或数个核仁。胞质的面有静纤毛。附睾管基膜外包有平滑肌细胞和结缔组织。

（三）

实验材料:鸡睾丸

染色方法:HE 染色

低倍镜观察:睾丸表面覆有浆膜和薄层白膜。白膜结缔组织伸入内部,分布于曲精小管之间,形成不发达的睾丸间质,内含血管、淋巴管、神经和睾丸间质细胞。睾丸无睾丸纵隔和睾丸小隔,故无睾丸小叶结构。

实质主要由盲端的曲精小管构成。曲精小管细长而弯曲,有分支,互相吻合成网。性成熟前管径较小,管壁较薄,由单层上皮构成;性成熟后,管径增粗,管壁增厚,由复层上皮构成。其细胞成分与家畜相同,即由各级生精细胞和支持细胞组成。在切面上,生精细胞排列成狭柱状。

曲精小管末端延续为直精小管,其管壁为单层柱状上皮。直精小管与结缔组织中的睾丸网相连通。其管壁的细胞为单层立方上皮或单层扁平上皮。

（四）

实验材料:鲤鱼精巢

染色方法:HE 染色

肉眼观察:鲤鱼的精巢体积较小,呈乳白色。从精巢膜上伸出隔膜,将整个精巢分割成圆形或长圆形的壶腹,称壶腹型精巢。幼龄时一般表面光滑,老龄时呈现不规则的盘曲状,在表面也出现很多皱褶。精巢在尾端汇合为"Y"字形,并合并为一条短的输精管汇入泄殖窦,通过排泄孔与外界相通。

低倍镜观察:

▶精巢壁由两层被膜构成,外层为腹膜,内层为白膜。腹膜上有一层间皮。白膜由具有弹性的疏松结缔组织构成。白膜伸入实质形成许多隔膜,将精巢分成许多小叶,称为精小叶。精小叶之间的结缔组织称为间介组织。

▶精小叶的形状和大小不同。有些直径小,呈圆形,称为精细管;有的直径较大,不规则,称壶腹。每个小叶的边缘内侧分布有由生精细胞聚集而成的精小囊。不同精小囊的生殖细胞发育先后是不一致的,但同一精小囊的生殖细胞分裂是同步的。精小叶的中央为空腔,精小囊中的精子发育形成后,精小囊破裂,精子释放进入腔中。

高倍镜观察:重点观察各级生精细胞的结构。

生精细胞分为精原细胞、初级精母细胞、次级精母细胞、精子细胞和精子。精原细胞体积较大,圆形。根据其形态特点,又分为初级精原细胞和次级精原细胞,后者体积小,核染色较深。初级精母细胞体积比精原细胞小。细胞圆形或椭圆形,核着色较深。次级精母细胞比初级精母细胞还小,发生中存在时间短。精子细胞无明显的细胞质,只含强嗜碱性的细胞核。精子是最小的细胞,由精子细胞变态而来,分为头、颈、尾三部分。

注:辐射型精巢(又称鲈型精巢)为鲈形目鱼类所特有。由精巢膜伸入精巢而形成辐射排列的叶片状。

(五)

实验材料:鲤鱼输精管

染色方法:HE染色

低倍镜观察:鱼类一般没有附睾,产生的精子由输出管运送。在精巢的边缘的内侧有许多分支的输出管,成熟的精小叶与输出管相通。输出管的细胞具有分泌特性。在繁殖季节,这些细胞变大,核移向基部,胞质的游离端有分泌颗粒出现。在排过精的精巢中,这些分泌细胞变小,而后变为扁平状。

四、示范样本

1. 猪的输精管(HE染色) 输精管和附睾之间没有明显的界限。输精管具有厚的管壁和典型的分层结构,由内往外依次是黏膜层、肌层和外膜。由于肌层特别发达,因而切片上管壁的黏膜形成许多纵行皱襞。黏膜上皮为单层柱状上皮,部分具有纤毛。基细胞较小。由于没有黏膜肌层,固有层和黏膜下层合为固有黏膜下层,这一层为疏松结缔组织,含有成纤维细胞、弹性纤维和丰富的脉管神经。输精管的终末膨大并不明显,但仍含有少量的分支单管状腺。肌层基本为内环、中斜和外纵,但环形和斜行相互交叉排列。

2. 猪的阴茎(HE染色) 阴茎主要由两个阴茎海绵体和一个尿道海绵体构成,外表被覆活动性较大的皮肤。尿道行于尿道海绵体内。海绵体即勃起组织,外包致密结缔组织构成的坚韧白膜,内含大量血窦,血窦之间为富含平滑肌的结缔组织小梁。

3. 猪的前列腺(HE染色) 猪的前列腺为复管状腺或复管泡状腺,环绕尿道起始部。一般分为三部分,即位于尿道黏膜内的黏膜腺、位于黏膜下层的黏膜下腺和包在尿道壁外的主腺。主腺呈栗状,表面包有被膜,被膜结缔组织伸入内部将腺实质分为许多小叶。被膜和叶间结缔组织中富含弹性纤维和平滑肌。腺泡形态不规则,大小不一,有较多皱襞,同一腺泡内可出现单层立方上皮、单层柱状上皮或假复层柱状上皮数种上皮,腔内常见嗜酸性凝固体。导管上皮随管径增大而变厚,由单层柱状上皮过渡为复层柱状上皮,在尿生殖道开口处变为变移上皮。

五、电镜照片

1. 血睾屏障 主要由支持细胞之间的紧密连接及基膜组成。电镜下,相邻支持细胞之间有呈环形带状的紧密连接。在紧密连接与基膜之间有精原细胞分布,在紧密连接与管腔之间有初级精母细胞、次级精母细胞、精子细胞和精子嵌入。

2. 支持细胞　胞质中有丰富的滑面内质网、高尔基体、线粒体等细胞器。溶酶体、类脂、糖原也较多。

3. 间质细胞　胞质中有丰富的滑面内质网、高尔基体及线粒体,还含有许多脂滴和脂褐素。

六、思考题

(1)家畜和家禽的雄性生殖器官在组织结构上有何特点及不同?

(2)鲤鱼的精巢结构有何特点?

华南农业大学　张　媛

第十七章　雌性生殖系统
Female Reproductive System

一、内容简介

雌性生殖系统由卵巢、输卵管、子宫、阴道和外生殖器组成。

卵巢(ovary)表面覆盖一层单层扁平上皮或单层立方上皮,上皮下为薄层结缔组织白膜。卵巢的皮质在外周,较厚;髓质在中央,与皮质无明显界限,由疏松结缔组织构成。但马属动物的皮质与髓质位置相反。皮质内有不同发育阶段的卵泡,包括原始卵泡、生长卵泡、成熟卵泡和闭锁卵泡。卵泡为一个卵母细胞和包绕其周围的卵泡细胞组成的球状结构。

家禽的卵巢只有左侧的发育正常。卵巢的形态结构随年龄和生殖周期的不同而不同。幼禽的卵巢小而扁平,呈黄白色,体积随年龄增长而增大,表面呈桑椹状。性成熟后,体积明显增大,尤其在产卵期,表面有大小不一的卵泡突出,大卵泡呈黄色或橙色,小卵泡呈珠白色。产卵间期或停产后,卵巢回缩变小,表面无卵泡突出。卵巢的实质与哺乳动物的相似。其表面被覆单层生殖上皮,细胞形态不一,由扁平到柱状。生殖上皮的下方是由致密结缔组织构成的白膜。白膜的结缔组织伸入实质内部形成基质。实质分为外周的皮质和中央的髓质。皮质内含有不同发育阶段的卵泡,但无黄体。髓质内富含血管、神经和平滑肌纤维。

鲤鱼的卵巢是成对的。表面为被膜,分为两层,外层实际上是腹膜,内层是结缔组织构成的白膜。白膜伸入实质,形成许多结缔组织纤维,这些纤维与毛细血管及生殖上皮一起构成板层结构,称为产卵板。卵巢的实质中央有腔,称为卵巢腔。产卵板构成了卵巢腔的不规则壁。卵子发生要经过增殖、生长和成熟等几个不同的时期,分为第 1 时相、第 2 时相、第 3 时相、第 4 时相和第 5 时相。在不同的时期,生殖细胞形态结构不同。

输卵管(oviduct)分为漏斗部、壶腹部、峡部和子宫部,管壁均由黏膜层、肌层和外膜构成。黏膜形成许多纵行而分支的皱襞,以壶腹部的皱襞最为发达。黏膜上皮多数动物为单层柱状上皮,猪和反刍兽有时可见假复层柱状上皮,由纤毛细胞和分泌细胞构成。上皮下为固有层,由结缔组织构成,并含少许平滑肌。肌层由内环、外纵两层平滑肌组成。外膜为浆膜。

子宫(uterus)分为底部、体部和颈部,其壁很厚,从内向外分为内膜、肌层和外膜三层。内膜由上皮和固有层组成。上皮与输卵管上皮相似,也由纤毛细胞和分泌细胞组成。固有层较厚,在其结缔组织中含有大量的子宫腺和分化程度较低的基质细胞。基质细胞呈梭形或星形,胞核大而圆,胞质很少。子宫腺为分支管状腺,末端可达肌层,其上皮主要由分泌细胞组成,纤毛细胞较少。子宫肌层为很厚的平滑肌。子宫外膜于体部和底部为浆膜,颈部为纤维膜。

二、实验目的和要求

(1)掌握家畜卵巢、输卵管、子宫等器官的结构特点。

(2)在高倍镜下辨别出不同发育阶段的卵泡。

(3)掌握家禽卵巢的结构特点。

(4)掌握鱼类卵巢的结构特点。(淡水养殖专业)

三、观察方法及观察要点

(一)

实验材料:猪卵巢

染色方法:HE 染色

低倍镜观察:低倍镜下卵巢大体由被膜、实质和间质组成。卵巢切面为椭圆形,可明显地分为两部分。外周为粉红色,称为皮质;中央颜色深红,称为髓质。皮质表面为单层立方上皮,局部可见单层扁平上皮,胞核排列很有规律。生殖上皮下为白膜,由密集排列的胶原纤维和成纤维细胞构成。皮质内可见大小不同、发育阶段不同的各级卵泡。

高倍镜观察:重点观察各级卵泡的结构。

皮质内的各级卵泡包括原始卵泡、生长卵泡、成熟卵泡和闭锁卵泡。此外,可见形态多样的成纤维细胞。有些核着色深,核质密集;有些着色淡,核质疏松,极似平滑肌,但不见肌原纤维。

(1)原始卵泡。位于卵巢皮质的浅层,体积小,数量多,成串排列。由中央的初级卵母细胞和周围一层扁平的卵泡细胞组成。每个卵泡具有 1~3 个初级卵母细胞不等。初级卵母细胞体积较大,呈圆形,胞质嗜酸性;胞核圆形,常偏位,染色浅,核仁大而明显。卵泡细胞的核长椭圆形,胞质不甚清楚。

(2)生长卵泡。包括初级卵泡和次级卵泡。

▶初级卵泡(早期生长卵泡)位于原始卵泡的深面,体积比原始卵泡大。初级卵母细胞体积也增大,并在卵母细胞表面与卵泡细胞之间见到均质、着鲜红色的透明带。卵泡细胞呈立方形或柱状,多层,并在多层卵泡细胞间出现一些小腔隙,内有少量卵泡液。卵泡周围可见一层不甚明显的由结缔组织逐渐分化形成的卵泡膜。

▶次级卵泡(晚期生长卵泡)比初级卵泡的体积更大,具有一个大的卵泡腔,腔内充满卵泡液。卵泡细胞分为两部分:围绕着卵泡腔的数层卵泡细胞密集排列成多层,构成颗粒层;而支持卵母细胞并呈丘状突向卵泡腔的卵泡细胞形成卵丘。若切面未经过卵母细胞,则卵泡内仅见一些卵泡细胞、颗粒层以及卵泡腔。卵泡膜分化为明显的内、外两层,内层含较多的血管和多边形的膜细胞,外层主要为结缔组织,纤维多,血管少,另有少量平滑肌。

(3)成熟卵泡。结构与次级卵泡相似,但体积更大,并且接近卵巢表面。猪的成熟卵泡直径 5~6 mm。紧贴透明带的一层卵泡细胞,为柱状,呈放射状排列,在初级卵母细胞周围形成一冠状结构,称为放射冠。有时在切片上可观察到卵泡腔很大,而颗粒层和卵泡膜很薄,在放射冠与周围卵泡细胞出现裂隙,此时的卵泡处于排卵前期。

(4)闭锁卵泡。在卵巢中还可见大量的闭锁卵泡。其表现为卵母细胞核固缩,细胞形态不规则,甚至萎缩和消失。透明带皱缩并与周围的卵泡细胞分离,有的甚至逐渐消失。卵泡细胞离散,卵泡膜塌陷。颗粒层细胞松散、脱落或进入卵泡腔。

(二)

实验材料:鸡卵巢

染色方法:HE 染色

低倍镜观察:家禽卵巢的结构与哺乳动物相似。卵巢表面为单层生殖上皮,由扁平形到柱状。生殖上皮下方为致密结缔组织构成的白膜。白膜的结缔组织伸入实质内部形成基质。实质由皮质和髓质构成。皮质在外周,内含不同发育阶段的卵泡,但无黄体。髓质在中央,富含血管、神经和平滑肌纤维。

高倍镜观察:重点观察各级卵泡的结构。

(1)卵巢基质。除一般的结缔组织成分外,还有卵泡外腺细胞和间质细胞等。卵泡外腺细胞胞体较大,呈多边形,胞核圆形,位于中央。胞质着色浅,内含许多小空泡。单个或成群存在于基质中。间质细胞胞体呈多边形,胞核圆形,胞质内充满嗜酸性颗粒。常单独或成团出现在皮质内,尤其在皮质浅层较多。空泡细胞呈空泡状,彼此界限不清,胞质内含大量的脂滴,胞核皱缩。仅存在于排卵后的卵巢皮质内,常聚集成团。

(2)生长卵泡。包括初级卵泡和次级卵泡。初级卵泡位于皮质浅层,体积较小,由中央的初级卵母细胞和周围的一层颗粒细胞构成。无卵泡膜结构。初级卵母细胞个体较大,胞核球形,着色浅,核仁明显。颗粒细胞一般为立方状的细胞。次级卵泡比初级卵泡个体大。颗粒层增殖为2~3层。出现卵泡膜。

(3)成熟卵泡。成熟卵泡不位于卵巢基质内,而是完全突出于卵巢表面,仅借卵泡柄与之相连。成熟卵泡内没有卵泡腔,也无卵泡液,排卵后卵泡壁很快退化,不形成黄体。

成熟卵泡体积很大,由中央的初级卵母细胞和周围的卵泡壁构成。卵母细胞呈圆形,胞核圆形、着色浅,核仁明显,胞质内含大量卵黄物质。卵泡壁自内向外分为七层,包括卵黄膜及放射冠、卵黄膜周围层、颗粒层、卵泡膜内层、卵泡膜外层、结缔组织层和生殖上皮层。

卵黄膜即卵母细胞的细胞膜。放射冠是由卵母细胞边缘的部分胞质连同卵黄膜一起形成的许多微细突起所构成,它是卵母细胞的一部分,与家畜的不同。卵黄膜周围层是由颗粒细胞的分泌物形成的一层均质性结构,相当于家畜的透明带。卵泡膜外层富含毛细血管。其他各层与家畜相似。

(4)萎缩卵泡。卵泡在发育的任何时期都会发生萎缩。

未成熟的卵泡萎缩:即卵母细胞的解体,卵黄被就地吸收,卵泡细胞萎缩,由结缔组织取代,不留痕迹。

成熟卵泡的萎缩:由于卵母细胞质中有大量卵黄,萎缩的卵黄膜、颗粒层、卵泡膜内层、卵泡膜外层都发生皱裂,卵黄外溢于卵巢基质中,进而被吞噬、清除。可见大量的清亮细胞。

(三)

实验材料:鲤鱼卵巢

染色方法:HE染色

低倍镜观察:卵巢的表面为被膜,被膜分为两层,外层实际上是腹膜,内层是白膜。白膜伸入实质,形成许多结缔组织纤维,这些纤维与毛细血管及生殖上皮一起构成板层结构,称为产卵板,后者构成了卵巢腔的不规则壁。皮质由较为致密的结缔组织和不同发育时期的卵泡组成。髓质为致密结缔组织,富含血管和神经。

高倍镜观察:重点观察不同发育阶段的生殖细胞的形态结构。

卵子发生要经过增殖、生长和成熟等几个不同的时期,在不同的时期中,生殖细胞形态结构不同。

（1）第 1 时相。主要见于未成熟的卵巢。生殖细胞主要为卵原细胞及卵原细胞向初级卵母细胞过渡时期的细胞。卵原细胞胞质很少，是各时期体积最小的。核明显，核仁较大。在卵原细胞外有一层不规则的滤泡细胞。

（2）第 2 时相。初级卵母细胞进入小生长期。大部分卵母细胞外有一层卵泡细胞，卵细胞核增大，核仁数增加，位于核膜边缘。

（3）第 3 时相。初级卵母细胞进入大生长期。在卵细胞外有一层滤泡膜包绕，组成滤泡膜的滤泡细胞呈梭形，核大，细胞间的界限不清楚。在卵母细胞的质膜外开始出现辐射带，称为卵黄膜或初级卵膜。此时，初级卵母细胞边缘区胞质中出现一些小的液泡，其数目随卵母细胞的增大而变多。核膜凹凸不平，核仁分布于核膜内侧的边缘。

（4）第 4 时相。处于发育晚期的初级卵母细胞，体积更大。辐射带增厚，卵黄颗粒几乎充满了整个胞质。核周围及卵质膜内侧的边缘有较多的细胞质。核仁向核中央移动并开始消失。根据卵母细胞的大小及核的偏移情况，此期的卵母细胞可分为早、中、晚三个发育阶段。

（5）第 5 时相。它是初级卵母细胞经过第一次成熟分裂向次级卵母细胞过渡阶段。卵细胞质出现极化现象，核膜破裂，进入第一次成熟分裂，排出第一极体。

（四）

实验材料：猪输卵管

染色方法：HE 染色

低倍镜观察：输卵管分为漏斗部、壶腹部、峡部和子宫部，管壁均由黏膜层、肌层和外膜构成。

（1）黏膜层。黏膜层可见许多高大的皱襞，壶腹部的皱襞最为发达，有数十个，峡部仅有几个。黏膜表面为单层柱状上皮或假复层柱状上皮，局部可见纤毛，在壶腹部最明显。由于雌性生殖管中没有黏膜肌层，因而黏膜固有层与其下面的黏膜下层共同组成固有黏膜下层，主要为疏松结缔组织，含有较多的浆细胞和肥大细胞。

（2）肌层。肌层由内环、外纵平滑肌组成。以环形肌最发达。纵行肌分为内外两层：内层在环形肌内，不完整；外层在浆膜下，为完整的一层。

（3）外膜。为浆膜，由间皮及其深面的结缔组织构成。

（五）

实验材料：鸡输卵管

染色方法：HE 染色

低倍镜观察：输卵管长而弯曲，从前向后分为漏斗部、膨大部、峡部、子宫部和阴道部。各部均由黏膜层、肌层和外膜构成。黏膜表面有皱襞，上皮为纤毛上皮，大部分固有层有腺体和淋巴组织，缺黏膜肌层。肌层一般由内环、外纵两层平滑肌构成。外膜均为浆膜。

（1）漏斗部。漏斗部的黏膜上皮为单层柱状纤毛上皮，由纤毛细胞和分泌细胞组成。漏斗部的固有层内有管状腺。

（2）膨大部。是输卵管最长最弯曲的一段。其特点是管径大，管壁厚，黏膜皱襞高大宽厚。黏膜上皮为单层柱状纤毛上皮或假复层柱状纤毛上皮，亦由纤毛细胞和分泌细胞构成。固有层内有大量管状腺。

（3）峡部。短而细,管壁较薄。固有层内腺体较少。

（4）子宫部。黏膜皱襞纵行,长而弯曲。黏膜上皮也由纤毛细胞和分泌细胞组成。固有层内有短而细的分支管状腺,直接开口于管腔。肌层发达,故壁厚。

（5）阴道部。黏膜形成许多高而薄的纵行皱襞。在靠近子宫部的固有层内有单管状腺,称阴道腺,腺腔较大。

（六）

实验材料:猪子宫

染色方法:HE 染色

低倍镜观察:子宫为中空的肌性器官,包括子宫角、子宫体和子宫颈。子宫壁很厚,从内向外分为内膜、肌层和外膜三层结构。

内膜由上皮和固有层组成。上皮为复层柱状上皮。固有层较厚,由纤维性的结缔组织构成,分为浅层和深层。浅层胞核多、深染,多为成纤维细胞;深层又名基底层,胞核少、淡染,核呈卵圆形。在结缔组织中可见大量子宫腺,在浅层开口,在深层则分支和弯曲,因此断面多。子宫腺为分支管状腺,末端可达肌层,其上皮主要由分泌细胞组成,纤毛细胞较少。

肌层为很厚的平滑肌,由内环、外纵两层构成。内环肌比较发达,外纵肌较薄。两肌层之间有一层疏松结缔组织,内含很多较大的血管,称血管层,这是子宫壁的结构特点。血管层外常夹有一些斜行肌。

外膜为浆膜,有时可见纵行的平滑肌细胞。

四、示范样本

1.**猪的黄体**（HE 染色） 卵巢的黄体,为圆形的细胞团,外包致密结缔组织膜（原卵泡膜的外层）,内部由粒性黄体细胞和膜性黄体细胞及丰富的血管构成。粒性黄体细胞由颗粒层细胞分化而来,细胞较大呈多角形,着色较浅,胞核圆形,染色较深,细胞界限清楚。膜性黄体细胞由卵泡膜的内层细胞分化而来,细胞体积较小,着色较深。两种黄体细胞的胞质内都含有黄色类脂颗粒,因制片时类脂颗粒被溶解而呈空泡状。

2.**猪的阴道**（HE 染色） 阴道壁由黏膜层、肌层和外膜构成。黏膜层由未角化的复层扁平上皮和固有层结缔组织组成。肌层为平滑肌,肌束呈螺旋状,交错排列,其间为富含弹性纤维的结缔组织。阴道外口有骨骼肌构成的环行括约肌。外膜为富含弹性纤维的致密结缔组织。

五、电镜照片

1.*初级卵母细胞* 在原始卵泡中,胞质中有大而圆的线粒体,发达的环层板和大量的空泡、脂滴等。细胞核圆形,偏于一侧,异染色质少,细小分散,核仁大而明显。在初级卵泡中,细胞核大而明显,呈空泡状,染色质细小分散,核仁大而明显。细胞质中可见较大的卵黄颗粒。高尔基复合体增多,并从核周围逐渐向外迁移,此外,胞质中粗面内质网和核糖体也较多。

2.*粒性黄体细胞* 细胞体积大,细胞器丰富,可见有大量呈管状嵴的线粒体,大量的滑面内质网和脂滴。细胞核大,呈椭圆形,常染色质丰富,异染色质聚集在核膜内侧。

3.闭锁卵泡　核膜多处内陷,核质出现溶解区。胞质内细胞器减少,线粒体呈空泡状。卵泡细胞内出现较大水解变性的脂滴。

六、思考题

(1)家畜和家禽的雌性生殖器官在组织结构上有何特点及不同?

(2)鲤鱼的卵巢结构有何特点?

华南农业大学　张　媛

第十八章　动物早期胚胎发育
The Early Embryo Development in Animal

第一节　生殖细胞与受精

一、内容简介

生殖细胞是物种用以繁衍后代的一类细胞,成熟的生殖细胞包括雌性动物的卵子和雄性动物的精子。卵子体积较大,根据卵黄的含量可以分为哺乳动物的均黄卵,禽类、鱼类的端黄卵等。精子体积小,哺乳动物、禽类、鱼类均为有鞭毛的精子,有些动物精子没有鞭毛,如马蛔虫。精子头部致密,为细胞核所在,一般头部前端有一由高尔基体形成的顶体,硬骨鱼则不含顶体。

受精是精子和卵子结合形成合子的过程,一般脊椎动物受精时,卵细胞处于第二次成熟分裂的中期,受精后完成第二次成熟分裂。马蛔虫受精时处于初级卵母细胞时期,受精后完成两次成熟分裂,排出第一极体和第二极体。精子进入卵细胞后,头部细胞核重构,形成雄原核,完成两次成熟分裂的卵细胞形成雌原核。雌雄原核融合或联合,受精卵开始细胞有丝分裂。

二、实验目的和要求

(1)了解家畜、家禽精子、卵子的结构。
(2)熟悉马蛔虫的受精与卵细胞减数分裂的过程。

三、观察方法及观察要点

(一)

实验材料:牛精液涂片

染色方法:铁矾苏木精染色

低倍镜观察:低倍镜下,可见大量染成蓝色蝌蚪状的精子,选择染色清楚密度合适处换高倍镜或油镜。

高倍镜观察:精子头部呈扁卵圆形,结构致密,细胞核所在的部位着色深,前端着色淡的是顶体,在头部与尾部的连接处为短的颈部,有中心粒,但不易看清。精子的尾部细长,呈鞭毛状,可按粗细区分出中段、主段和末段。

(二)

实验材料:鸡蛋(生,煮熟)

肉眼观察:鸡蛋(图 18-1)呈卵圆形,一端较尖,一端较钝,气室位于较钝的一端,用放大镜观察密布在蛋壳上的小孔。接着再用镊子敲破蛋壳,煮熟鸡蛋则仔细顺次剥离其蛋壳、壳膜、蛋白。可见壳膜分为紧密粘连的内外两层,衬于蛋壳之内,在蛋的钝端内外两层壳膜被空气分开,形成气室。

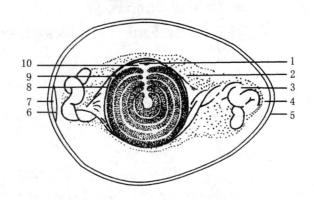

图 18-1　鸡蛋结构模式图
1. 胚珠　2. 浓蛋白　3. 系带　4. 稀蛋白　5. 蛋壳　6. 壳膜(双层)
7. 气室　8. 卵黄膜　9. 分层卵黄　10. 细胞质

蛋白经煮熟后呈洁白的胶冻状。将蛋白剥除后,蛋黄即真正的卵细胞暴露出来。在蛋黄表面包有一层卵黄膜,但在剥离时它往往粘连在蛋白的内壁上。

蛋黄上还可找到一个浅色的胚盘,沿胚盘将"蛋黄"纵剖为两半,然后观察它们的切面。卵黄可区分出黄卵黄和白卵黄两种,卵黄心由白卵黄构成,在卵黄心的外围,黄卵黄与白卵黄呈同心圆状,相间排列。卵黄心向上延伸部为卵黄心颈,其末端膨大部分为潘氏核,它托住胚盘,但这些结构往往看来不十分显著。

在生鸡蛋中的蛋白可区分出浓蛋白、稀蛋白及由浓蛋白形成的螺旋状系带等结构。

(三)

实验材料:马蛔虫子宫

染色方法:铁矾苏木精染色

低倍镜观察:马蛔虫子宫横断面为圆形,外层为子宫壁,内含大量卵细胞,卵细胞外面覆盖有一层厚的卵膜。

高倍镜观察:马蛔虫受精以前的卵是初级卵母细胞,呈圆形或略带椭圆形,外面包有一层比较清楚的卵膜,核位于卵的正中央,细胞质中则含有黏液性和脂肪性内含物。马蛔虫的精子呈圆锥形,前端膨大,后端狭小,膨大的一端具有圆形的细胞核。

精子进入卵以后头部逐渐膨大,变成圆泡状,并向卵中央移动,形成雄原核。中心体在随后的过程中逐渐形成星体。在精子进入卵并分化成为雄原核的同时,卵也发生了一系列剧烈的变化。首先是进行了第一次成熟分裂,排出第一极体,其后卵又进行了第二次成熟分裂,并且排出第二极体。两次成熟分裂的结果,使卵达到完全成熟的状态,形成雌原核,向卵中央移动。

雌雄原核在卵中央相遇,但不融合,雌雄原核内分别出现染色体,核膜相继消失,染色体遂彼此混合地排列在赤道极上,开始了受精卵的第一次有丝分裂。

精子进入卵以后,卵细胞内发生了一系列复杂的变化,例如卵膜增厚,卵细胞的体积缩小,出现围卵腔,卵细胞质里的一些内含物被排出卵外。

(1)精子侵入期。马蛔虫子宫的纵切面呈长管状,横切面呈圆形,管壁由单层细胞组成,子宫腔中充满着未受精的卵细胞(初级卵母细胞),其卵膜较薄,紧贴于细胞质,细胞核位于中央,在卵细胞周围有很多呈圆锥形的精子。能见到精子刚进入卵细胞的情况不多。

(2)第一次成熟分裂期。精子已进入卵细胞中并已转化成雄原核,占据着卵细胞的中央,此时卵膜增厚成受精膜,并出现围卵腔,卵细胞核移位于细胞边缘,进行第一次成熟分裂。进入分裂中期时的双价染色体,其四个单体靠在一起,为四联体,染色体与中心体形成的纺锤丝共同形成纺锤体,其纵轴垂直于细胞膜,在切片上可明显地看到。这次分裂结果,排出第一极体,初级卵母细胞转化为染色体数减半的次级卵母细胞。

(3)第二次成熟分裂期。此时受精膜更厚,围卵腔更加显著,第一极体往往贴于受精膜下方,卵细胞的细胞核仍靠近细胞膜,进行着第二次成熟分裂。在分裂中期的染色体为两个单体的单价染色体。这次分裂结果,排出第二极体(它往往贴于细胞膜表面),此时卵细胞完全成熟。

(4)二原核期。经过第二次成熟分裂后,卵细胞的核转化成雌原核向卵中央移动,与雄原核紧紧靠拢,随后就开始第一次卵裂。

四、思考题

(1)试述精子和卵子的形态特征及其与功能的关系。

(2)试述减数分裂的主要特征及其生物学意义。

第二节 鸡的早期胚胎发育

一、内容简介

鸡卵受精在输卵管的漏斗部进行。受精卵在输卵管内向外移动时,卵裂开始。鸡胚的卵裂在动物极小圆的盘状区域内进行,称盘状卵裂。卵裂形成盘状囊胚,胚盘中央有囊胚腔,颜色清亮,称明区,周围色暗,称暗区。鸡胚产出时,一般处于囊胚晚期或原肠胚早期,胚盘直径3~5 mm。胚盘明区一端细胞集中,形成原条,胚体以原条为中轴继续发育。原条前端形成原结,细胞在此处向前卷入,形成头突,继而发育成脊索,脊索延长,原条退缩。脊索诱导外胚层形成神经管,脊索两侧中胚层分化,形成体节。胚体头、尾、两侧起褶,继而形成羊膜和浆膜。内胚层突入头部形成前肠,尾部形成后肠,中肠与卵黄囊相连。中胚层聚集成团,形成血岛,血岛分化成血管内皮和血细胞,进而形成血管网。神经、循环、消化等各系统在此基础上继续发育。大约21天,孵化出雏鸡。

二、实验目的和要求

了解鸡胚原条期(16 h)、头突期(19~20 h)、24 h、33 h、48 h的结构特征。

三、观察方法及观察要点

实验材料:孵化16 h、24 h、33 h、48 h鸡胚

染色方法:洋红染色、整体染色

低倍镜观察:

(1)原条期。鸡胚孵化 16 h,原条明显地分为原沟、原褶、原窝和原结。原条可以作为胚胎前后轴的一个标记,在以后的发育过程中,原条逐渐缩短,直到最后消失。

取孵化 16～18 h 的鸡胚整体装片标本(图 18-2),并用低倍镜进行观察。首先区分胚盘的明区和暗区。明区在胚盘的中央,略呈梨形;暗区在明区外围,颜色暗淡。原条看来是一条暗色的结构,位于明区的正中线,但长度仅约略占明区后端的 2/3。原沟在标本上颜色比较浅,原褶的颜色却比较深,原结和原窝一般也可以清楚地辨认出来。原条的整体装片标本观察完毕后,还应取原条中段的横切片(图 18-3)作对照观察。在标本切面的两侧缘有卵黄球分布的地方是暗区,暗区以内的区域是明区,明区的中央部分切面较厚,亦即细胞较多的地方,就是原条所在地,中间稍微凹陷处是原沟,两侧略微拱出是原褶。除此之外,在原条期的切片上还可以清楚地辨别出外胚层和内胚层,在原条附近的内外胚层之间还有细胞排列比较疏松的中胚层,至于原结和原窝等在原条的纵切片上才可以看到,可参考示范。

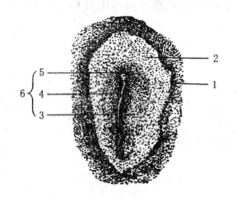

图 18-2　原条期鸡胚整体装片
1. 暗区　2. 明区　3. 原沟　4. 原褶
5. 原结　6. 原条

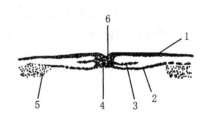

图 18-3　鸡胚过原条横切片
1. 外胚层　2. 内胚层　3. 中胚层　4. 原条
5. 卵黄颗粒　6. 原沟

(2)头突期。取孵化 19～20 h 鸡胚整体装片标本,并用低倍镜进行观察,观察项目大致同前,但在原条的前方还可以看到一条暗色的杆状结构,这就是头突。整体装片观察完毕后,必须取鸡胚头突期的横切片作对照观察,它与原条期横切片主要的不同就在于头结前方的内外胚层之间有一细胞带(头突)。

(3)孵化 24 h 鸡胚。先在低倍显微镜下观察整体装片标本(图 18-4),这时明区已分化出胚区和胚外区,暗区也已分成血管区和卵黄区,原条不断地在缩短,原条前方则出现了一系列的结构,可按下列说明逐项地进行观察。

原羊膜位于胚胎的最前方,呈半月形,看来较周围部分都透明一些。

头褶位于原羊膜的紧后方,它的下面就是头下囊,只是在整体装片上无法看出它的立体状态来。

前肠门离头褶不远,也是呈半月形,实际上它只是前肠的后缘,从胚胎的前部观察时无法断定它在胚胎内部的深度。

在胚胎的前端神经褶比较清楚,左右神经褶的距离也远一些,当中的沟就是神经沟,不过在胚胎的后端神经褶就逐渐变得不显著了。

脊索从胚胎的前端一直延伸到原条部分,表面上看来它好像恰好嵌在神经沟里一样,可是实际上它是位于神经沟底部正下方的。

体节成对地排列在胚胎中部脊索的两侧,在孵化 24 h 的鸡胚中一般已分化出体节 4～6 对。

整付装片观察完毕后,可参考图 18-5 继续观察通过 24 h 鸡胚的原条、神经板、体节、前肠和头褶的各横切片。

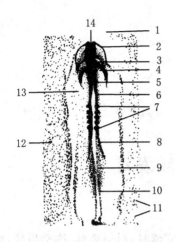

图 18-4 6 体节期鸡胚整体装片(孵化 24 h)
1. 原羊膜 2. 头褶 3. 前肠 4. 前肠门 5. 神经管
6. 神经褶 7. 体节 8. 中胚层 9. 原结
10. 原条 11. 血岛 12. 暗区
13. 明区 14. 前神经孔

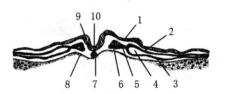

图 18-5 鸡胚过体节横切片(孵化 24 h)
1. 外胚层 2. 体壁中胚层 3. 脏壁中胚层
4. 体腔 5. 生肾节 6. 体节 7. 脊索
8. 内胚层 9. 神经褶 10. 神经沟

(4)孵化 33 h 鸡胚。仍然先在低倍镜下观察整体装片标本,这时胚区已稍见扩大,但胚外区由于血管的侵入已略见缩小,血管区内的血管更发达,原条则更加缩短,其余结构分述如下,可逐项仔细观察。

原羊膜与孵化 24 h 鸡胚比较,没有显著的变化。

前肠门形状仍呈半月形,但位置已离头褶稍远,即前肠门的位置已渐向后移。

神经管前部已明显地分为前脑、中脑及后脑,前脑更进一步分化出左右视泡,脑以后的神经褶大都已愈合形成神经管,只有靠近胚胎后端的部分仍然敞开,称为菱形窦。

心脏呈略为弯曲的管状,位于头褶与前肠门之间。

卵黄静脉左右成对,位于心脏的后方,约略靠近前肠门。

体节 12 对左右,分布在脊索的两侧。

整体装片观察完毕后,可观察通过 33 h 鸡胚的原条、开放的神经管、体节、前肠门、心原基、前肠和头褶的各横切片。

(5)孵化 48 h 鸡胚。在低倍镜下观察整体装片标本,这时原条已全部消失,羊膜尾褶也已发生并向胚胎躯干部分推进。另外,胚胎的前段已向右边扭转,头部也已向腹面弯曲,以致前脑成垂直状态,其余结构简述如下,可逐项进行观察。

脑已分化成为端脑、间脑、中脑、后脑及末脑,并在中脑处发生弯曲成为头曲,使整个头部也略向后曲了。间脑部分的视泡进一步分化成为视杯,视杯对面的外表皮也开始分化出晶状体。除此之外,后脑的两旁也出现了听泡。

管状的心脏更加弯曲,已约略可以分辨出心房和心室,心房位于稍前方,心室位于稍后方,心房以前则为动脉球。此外,还可见三对动脉弓和卵黄动脉及卵黄静脉。

鳃裂位于三对动脉弓之间。

体节约 27 对左右。

神经管仅仅在胚胎的后部才比较清楚。

四、示范样本

孵化 19、24、33、48、72、96 h 的鸡胚新鲜标本。

五、思考题

鸡胚不同发育阶段各出现了哪些特征性的形态结构?

第三节　猪的早期胚胎发育

一、内容简介

猪卵受精后 51～66 h 完成第一次卵裂,卵裂到 32 细胞球时,形似桑椹,称桑椹胚,细胞间出现间隙,扩大成腔,形似囊状,称囊胚,此时细胞分化为内细胞团和滋养层。透明带消失,胚体在受精后 11 天着床。内细胞团部分细胞沿滋养层延伸,形成内胚层,内胚层围成腔,称原肠腔。内细胞团外滋养层细胞退化,内细胞团裸露、增生,形成胚盘。胚盘外胚层在胚体尾侧增厚集中,形成原条。原条前端细胞向前卷入形成脊索,其他处卷入位于内外胚层间形成中胚层。中胚层分层,形成体腔。胚体头尾、两侧起褶,滋养层和体壁中胚层形成羊膜和绒毛膜。原肠腔形成胚内原肠和卵黄囊。脊索诱导外胚层形成神经管,轴旁中胚层形成体节,将来分化成肌肉、骨骼和真皮。侧中胚层形成心血管。间介中胚层形成泌尿生殖系统。胚内原肠发育成消化系统、呼吸系统和甲状腺、胸腺等的上皮。

二、实验目的和要求

了解猪胚发生过程,了解 10 mm 猪胚的结构。

三、观察方法及观察要点

实验材料:10 mm 猪胚

染色方法:HE 染色

低倍镜观察:取 10 mm 猪胚纵切片在低倍镜下观察,首先区分胚胎的头部和尾部,背面和腹面,然后按照下列描述参考图 18-6 逐项进行观察。

(1)神经管。前端、后端均向腹面弯曲成"C"字形,而且前端分化成为端脑、间脑、中脑、后脑和末脑,在间脑的底壁有脑漏斗,但不一定正好切到。同样地,整条神经管在切片上也不一定都切到正中央的神经管腔。

（2）脊索。往往只能看到一些断续的纵切面，它们的外面则有比较粗大的脊椎原基。

（3）消化器官。最明显的是舌，它位于头的下方，舌的后上方为咽，咽下为细长的食管，食管后的肠胃部结构在切片上很难看到完整地连续在一起，仅仅可以看到一些片段而已。从咽的基部往往又分出喉头和一条细长的气管，气管与食管平行地分布着，它的顶端则为较庞大的肺芽，但肺芽的断面不一定与气管相连续。消化腺中肝脏最发达，胰在胃的附近，体积不大。

（4）循环器官。心脏非常发达，位于舌的下方，围心腔一般清晰可见，血管当中以背大动脉最为显著，它紧靠着脊索和脊椎原基，但在切片上通常不是完完整整的一条。

（5）泌尿生殖器。不是所有纵切片都能看到，因为它们分布在胚胎身体的两侧部分，所以只有在通过两侧的纵切片上才能找到泌尿生殖器官。这时的泌尿器官主要是中肾，体积相当大，因此看来非常清楚，生殖嵴位于中肾的内侧。卵黄囊和尿囊柄位于胚胎的腹面，介于头部与尾部之间。卵黄囊已经萎缩，体积非常小，尿囊柄则往往只能看到片段断面。

四、示范样本

全套猪胚发育的模型。

五、思考题

猪胚发育和鸡胚发育有何相似处和不同处？

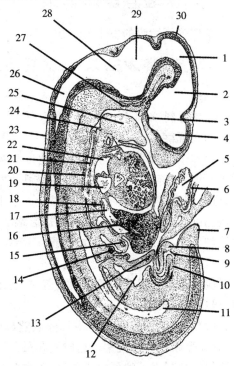

图 18-6　10 mm 猪胚矢状切面

1. 中脑　2. 间脑　3. 视交叉　4. 端脑　5. 卵黄囊
6. 胚外体腔　7. 尾　8. 生殖隆凸　9. 泄殖腔
10. 直肠　11. 主动脉　12. 体腔　13. 肠祥
14. 背胰　15. 胃　16. 肝　17. 后腔静脉
18. 肺芽　19. 右心房　20. 食管　21. 气管
22. 心包腔　23. 背　24. 喉　25. 舌
26. 脊髓　27. 脊索　28. 末脑
29. 后脑　30. 头

第四节　胎膜与胎盘

一、内容简介

胎膜（fetal membrane）是胚胎发育过程中的附属结构，具有保护、营养、呼吸、排泄等作用。哺乳动物的胎膜包括卵黄囊、尿囊、羊膜、绒毛膜。禽类的胎膜包括卵黄囊、尿囊、羊膜、浆膜。

哺乳动物的胎膜和子宫内膜共同形成胎盘（placenta），胚胎依赖胎盘从母体获取营养。根据胎盘的组织结构可以把胎盘分为上皮绒毛膜胎盘（分散型胎盘）、结缔绒毛膜胎盘（绒毛叶胎盘）、内皮绒毛膜胎盘（环状胎盘）、血绒毛膜胎盘（盘状胎盘）。

二、实验目的和要求

了解鸡胚胎膜的发生与结构，了解不同哺乳类的胎盘结构。

三、观察方法及观察要点

(一)

实验材料：6 日龄，13 日龄鸡胚

肉眼观察：

(1)6 日龄鸡胚胎膜。取已孵化 6 昼夜的受精卵，并在靠近钝端处将卵壳轻轻敲破，用镊子小心地除去碎片和该处壳膜，使破孔直径达 2 cm 左右时，再轻轻倒入盛有温热盐水的大碗中，进行观察。这时羊膜已经完整地把胚胎包住，看来好像是个长圆形的透明囊。胚胎即以其左侧侧卧于其中。在胚胎腹面靠近后端的地方还有一个比较小的梨形囊状结构，上面分布有发达的血管，这就是尿囊。在尿囊、胚胎及羊膜的下面可看到庞大的卵黄囊。但这时卵黄还没有被完整地包裹起来，血管也仅仅分布在卵黄的四周。另外，应当注意的是在所有上述结构的表面应当还有一层透明的浆膜覆盖着，在观察完毕时可以用解剖针尝试将浆膜挑起，使其与羊膜、尿囊及卵黄囊分离开来。

(2)13 日龄鸡胚胎膜。取已经煮熟或已经固定过的孵化 13 昼夜的受精卵，将蛋壳轻轻敲破，剥除壳膜后进行观察。这时胎儿虽已发展得相当完整，但由于羊膜腔内已充满大量蛋白，胚胎往往被凝固了的蛋白遮住，胚胎和羊膜的下面是卵黄囊，卵黄囊的下面为蛋白囊，蛋白囊和羊膜腔之间有浆羊膜道相通。应当注意，在这种标本里浆膜和尿囊等往往难以观察。另外，为了进一步了解蛋白的消耗情况，可以同样方法对照观察孵化 19 昼夜的鸡胚胎膜。

(二)

实验材料：猪胎盘切片(示分散型胎盘)

染色方法：HE 染色

低倍镜观察：取猪胎盘切片在低倍镜下进行观察。先把绒毛膜的绒毛与子宫内膜上皮所形成的凹陷相嵌合的部分找出，然后确定胎儿胎盘和母体胎盘，再细看其结构。胎儿胎盘部分较薄，组织较疏松，着色较淡，其绒毛表面上皮为单柱状，其内方则是由绒毛膜的体壁中胚层和尿囊的脏壁中胚层分化出来的结缔组织，其中分布发达的毛细血管网，紧贴于结缔组织外面的是尿囊的内胚层。母体胎盘较厚，组织较致密，着色较深，子宫内膜上皮为单层扁平上皮，其下为子宫内膜的结缔组织，其中分布着发达的毛细血管网和子宫腺，外面则是子宫的肌膜和外膜。子宫内膜往往形成皱襞。

(三)

实验材料：山羊胎盘切片(示绒毛叶胎盘)

染色方法：HE 染色

低倍镜观察：绒毛膜形成的绒毛集合成绒毛叶，绒毛叶与绒毛叶之间有较大面积的平滑的绒毛膜。绒毛叶与子宫形成的子宫阜相嵌合。在该处子宫的上皮局部被破坏，绒毛直接与子宫内膜结缔组织相接触。取山羊胎盘的切片在显微镜下观察，区分出胎儿胎盘及母体胎盘的各种结构。注意：山羊胎盘与牛的不同，它的绒毛叶被子宫阜所包围。

（四）

实验材料：狗胎盘切片（示环状胎盘）

染色方法：HE 染色

低倍镜观察：绒毛膜形成的绒毛集中在环状区域内，在该处绒毛侵入子宫黏膜；子宫上皮全部被破坏和吸收，绒毛直接与子宫结缔组织中的血管内皮相接触。这种胎盘见于肉食类、狗、猫等。

（五）

实验材料：兔胎盘切片（盘状胎盘）

染色方法：HE 染色

低倍镜观察：此种胎盘在早期绒毛均匀分布于全绒毛膜的表面，后来逐渐局限于盘状区域。在绒毛侵入子宫时，子宫黏膜的上皮、结缔组织及血管壁均被腐蚀，绒毛直接浴于由母体血管形成的血窦中吸收营养。取兔的胎盘切片，观察胎儿胎盘与母体胎盘的结构及两者的关系。但兔的胎盘又与一般的盘状胎盘不同，即胎儿胎盘的绒毛膜上皮也遭破坏而消失，胎儿的血管直接浸在母体胎盘的血窦中，故又称之为"血液内皮胎盘"，因此在切片上胎盘的胎儿部和母体部不易分开。

四、示范样本

分散型胎盘、绒毛叶胎盘和盘状胎盘的浸制标本及模型。

五、思考题

（1）不同类型胎盘的主要区别在哪儿？

（2）试述卵黄囊、尿囊、羊膜、绒毛膜等的组成特点、相似处及不同处。

第五节　鱼类早期胚胎发育

一、内容简介

鱼卵为端黄卵，精子形态与其他脊椎动物相似，但硬骨鱼精子无顶体。一般体外受精，进行盘状卵裂，形成盘状囊胚。囊胚层细胞经过原肠作用迁移，重新排列形成三胚层。在此基础上形成不同器官。鱼类的胚胎期长短不一，冷水性鱼类和寡质卵在胎膜内时间长于温水性鱼类和富质卵。

二、实验目的和要求

掌握鱼类胚胎发育的主要过程。（淡水养殖专业）

三、观察方法及观察要点

实验材料：不同发育阶段的鲢鱼胚胎。

肉眼或低倍镜观察：

（1）受精卵至 64 细胞期。刚受精时，卵膜举起，卵细胞膜和卵膜间出现卵周隙。胞质逐渐集中于动物极，隆起形成胚盘。约 1 h 后，第一次卵裂（经裂），而后为连续的经裂，且方向与前一次卵裂垂直,形成 2,4,8,16,32,64 细胞的胚体。

(2)囊胚,原肠胚,神经胚期。

▶约 2.5 h 后,分裂球高举在卵黄上,此时胚体称为囊胚。初期囊胚细胞层较高,后降低,从囊胚的纵切片上可以看到细胞层与卵黄间的囊胚腔。晚期囊胚细胞逐渐下包,至 1/3 胚体,囊胚层变扁。继续下包至 1/2,下包处细胞较厚,出现胚环,胚体的背部出现新月状背唇。背唇处细胞集中,形成胚盾。

▶约 10 h 后胚盘下包 4/5,胚体背部中轴神经板形成,胚体翻转成侧卧。

(3)胚孔封闭至尾芽期。11.5 h 后,胚孔关闭,神经板下凹。约 12.5 h,体节首先在胚体中部出现,神经板头端隆起,在此基础上形成前脑,前脑两侧出现眼的原基,此时体节 4～5 对。约 15 h,眼基发育成长椭圆形眼囊,脑分出前、中、后三部分,体节增至 7～8 对。16 h,尾芽出现于胚体后端腹面,体节有 10 对。

(4)晶体出现至出膜期。

▶19 h,眼杯处出现圆形晶体,耳囊下出现鳃板,体节增至 24～25 对,尾部和身体长轴成锐角,活体标本可见胚体肌肉微弱收缩。20.5 h 后,在脊索前,卵黄囊前上方,细胞形成心脏原基,排列成串状。背鳍出现,体节 28～29 对。尾部与身体长轴成钝角。

▶25 h 后,心脏呈管状,活体标本可见其微弱搏动。28 h 后泄殖腔出现,体节 38～39 对。31.5 h 后,胚体破膜而出,此时体节为 40～42 对。

四、思考题

鱼类和禽类都是端黄卵,其胚胎发育有何不同?

南京农业大学动物医学院　黄国庆

参 考 文 献

1. 成令忠,钟翠平,蔡文琴. 现代组织学. 上海:上海科学技术文献出版社,2003
2. 王树迎,王政富. 动物组织胚胎学. 北京:中国农业科技出版社,2000
3. 石玉秀,邓纯忠,孙桂媛,等. 组织学与胚胎学彩色图谱. 上海:上海科学技术出版社,2002
4. 孙丽慧,廉洁. 组织学与胚胎学实验教程. 北京:人民军医出版社,2004
5. 韩秋生,徐国成,邹卫东,等. 组织学与胚胎学彩色图谱. 沈阳:辽宁科学技术出版社,2003

图书在版编目(CIP)数据

动物组织胚胎学实验教程/杨倩主编 . —北京:中国农业大学出版社,2006.1(2018.1重印)
ISBN 978-7-81066-660-2

Ⅰ. 动… Ⅱ. 杨… Ⅲ. 动物学:组织学(生物):胚胎学-实验-教材   Ⅳ. Q954.4-33

中国版本图书馆 CIP 数据核字(2005)第 135384 号

书　　名	动物组织胚胎学实验教程			
作　　者	杨　倩　主编			

策划编辑	潘晓丽	责任编辑	王艳欣	
封面设计	郑　川	责任校对	王晓凤　陈　莹	
出版发行	中国农业大学出版社			
社　　址	北京市海淀区圆明园西路 2 号	邮政编码	100193	
电　　话	发行部 010-62818525,8625	读者服务部 010-62732336		
	编辑部 010-62732617,2618	出　版　部 010-62733440		
网　　址	http://www.cau.edu.cn/caup	**E-mail**	caup @ public. bta. net. cn	
经　　销	新华书店			
印　　刷	北京时代华都印刷有限公司			
版　　次	2006 年 1 月第 1 版　2018 年 1 月第 5 次印刷			
规　　格	787×1 092　16 开本　6.25 印张　149 千字　彩插 1			
定　　价	15.00 元			

图书如有质量问题本社发行部负责调换